你在为谁读书⑤

NI ZAI
WEI SHUI DUSHU

青少年情绪管理

余闲 著

长江出版传媒 | 长江少年儿童出版社

你在为谁读书 5

青少年情绪管理（全新升级版）

余闲 著

图书在版编目（CIP）数据

青少年情绪管理：全新升级版 / 余闲著 .— 武汉：长江少年儿童出版社，2021.7

（你在为谁读书；5）

ISBN 978-7-5721-0557-9

Ⅰ . ①青… Ⅱ . ①余… Ⅲ . ①情绪—自我控制—青少年读物 Ⅳ . ① B842.6-49

中国版本图书馆 CIP 数据核字（2020）第 101867 号

出 品 人：何 龙
总 策 划：姚 磊
项目策划：胡同印
责任编辑：梅 倩
美术编辑：彭 哲 曹 珍
排版制作：方 莹
封面绘画：张 蕾
责任校对：邓晓素
责任督印：邱 刚

出版发行：长江少年儿童出版社（集团）有限公司
社 址：武汉市雄楚大街 268 号出版文化城爱立方大楼 **邮政编码**：430070
业务电话：（027）87679174 （027）87679786 **电子邮箱**：cjcpg_cp@163.com
网 址：http://www.cjcpg.com

承 印 厂：湖北新华印务有限公司 **经销**：新华书店湖北发行所

开本：680 毫米 × 980 毫米 1/16 **印张**：13.5
版次：2021 年 7 月第 1 版 **印次**：2021 年 7 月第 1 次印刷
字数：200 千字

书号：ISBN 978-7-5721-0557-9 **定价**：28.00 元

“翻开本书，清理负面情绪！合上本书，收获蓬勃人生！”

内容提要

本书是《你在为谁读书》系列的第五部，承接了前四部的故事情节。

一说到读书，我们容易想到悬梁刺股，想到苦其心志饿其体肤，似乎读书是痛苦之事，只有成功之时方可快乐。但心理学研究发现，负面情绪会令我们思维迟钝、目光短浅、人际关系紧张，更不容易成功；而快乐则能令我们心胸开阔、思维敏捷，进而激发成功。

可是在校园里，负面情绪正笼罩着广大青少年。在本书中，杨略、葛怡、陶坷坷等人在高考的压力下，都出现了焦虑、自卑、浮躁、松懈等情况，干扰了学习，也影响了幸福感。女生祁月长期抑郁，忽有一日，她幻想自己是从高考后穿越而来，拥有所有答案，引起全校震惊。

杨略的父亲结合青少年常见心理问题，认为快乐不只是感觉，而是一种世界观，并提出增强快乐竞争力的七个法则：

1. 锻炼正向思维的乐观大脑；
2. 打造不可替代的优势；
3. 倾心投入学业和事业；
4. 用激情持续获得成就；
5. 追求有意义的人生与学业目标；
6. 经营丰富的社会关系；
7. 用智慧反驳导致抑郁、焦虑的不合理信条。

杨略等人再次受到启发，并且对理论进行了实践，不仅赢得了高考的成功，而且拥有了受益一生的乐观心态和情绪管理能力。这些少年们在坦途上欣然进取，逆境中挑战挫折，通过积极的态度激发潜能，全面提升了竞争力。

《你在为谁读书》系列

精 彩 回 放

《你在为谁读书 1 · 一位 CEO 给青少年的礼物》

杨略是个八年级的学生，却没有感觉到升学的压力，一如既往地浑浑噩噩，成绩不尽如人意，时好时坏，与他的认真程度成正比，是个典型的脑子聪明而不愿用功的孩子。

暑假里的一天，他收到一封神秘来信，署名“倪甫清”。信中的一段话，让他心头一震：

年轻人，你年方十六，正是初升的太阳，充满着希望。你是要去高远的天空中放射光芒，给人间以无限的温暖；还是仅仅在地平线上悠游，不思进取，浪费时光？

他不由得想，我真的甘心一事无成，了此残生吗？如果真的是这样，我们在世界上生活，到底有什么意义呢？他决定改过自新。同时心里又满是疑惑，这倪甫清到底是谁呢？

神秘的来信每个月初都准时翩然而至，谈理想、谈意志、谈爱心、谈兴趣等，一共十封信，且对杨略的一举一动明察秋毫。这十封神奇的来信，旁征博引，引经据典，有理有据，杨略的内心深为震撼，决定奋发向上。杨略按照信中教给他的方法潜心修炼，最后竟成了品学兼优的好孩子。

在第十一封信中，杨略得知倪甫清就是“你父亲”的谐音。原来爸爸忙于工作，平时父子很少沟通，因此想到了用神秘来信的方法，给儿子以帮助。这令杨略非常感动。

《你在为谁读书 2 · 青少年人生规划》

进入高中以后，杨略努力学习，成绩进步显著，但不幸遭遇了一场车祸，让他陷入迷茫：既然人生充满意外，又很短暂，那么努力和享乐又有什么区别？此时，他的父亲开始慢慢告诉他人生的意义。从这里开始，众多人物陆续登台。

凌霄、余振、楚当当都有自己的爱好：凌霄爱电脑，余振想经商，楚当当迷画画，但是他们家庭的经济条件都一般。由于得不到家人的支持，他们不知所措，乃至反抗。余振独自去做生意，饱受现实的打击。楚当当辍学想去做自由画手，遭遇画技的瓶颈。凌霄虽自学电脑编程，水平却得不到实质性提高。

还有葛怡，她虽长得漂亮，成绩也好，但无特长、无目标。她羡慕这帮朋友："杨略喜欢写作，猴哥喜欢电脑，大头喜欢经商，虽然现在跌跌撞撞，但至少有个方向。可是我呢？唉，每天努力学习，到底为了什么？"陈高照是名贫困生，偷偷出去打工挣钱，不幸受伤，加上对专业选择不明确，更觉百无聊赖。富家子弟陶坷坷一出场就飞扬跋扈，自命不凡，以杨略为假想情敌，处处与他争高下，寸步不让，倒也积极上进。在全市篮球比赛中，他迫不得已与杨略合作，结果获得了胜利，于是尽释前嫌。他不再与杨略竞争，却失去了人生方向，又变得颓废迷茫。

现状如此严峻，那有没有办法解决呢？书中出现了一个人生导师——杨略的爸爸，对这些迷茫的少年进行指引。他的方法就是人生规划的九堂课，且这九堂课具有严密的逻辑关系：

人生意义在于实现自我价值，自我实现需要人生目标，而人生目标需要设计，包括崇高理想的培养和职业道路的规划，崇高理想需要责任心的培养，职业道路规划需要了解自己、了解社会。有了人生规划以后，还需要坚忍的意志、适合的策略去达成人生目标，实现自我价值，收获人生意义。

通过这些课程，葛怡喜欢上了教育学；陶坷坷根据家庭背景，选择了学习管理；杨略实践了自己的写作梦想，有了成绩，也发现了不足，决定好好进修；凌霄、楚当当、余振经过与家人的沟通，都坚持了自己的梦想；陈高照伤愈返校后，选择了学习生物，因为他对草木虫鱼甚是喜欢，想为生态文明的建设做出贡献。迷茫的少年们得到启示，终于各自确定了人生方向，精神面貌也变得阳光开朗。

《你在为谁读书3·自控力成就杰出青少年》

杨略和同学们经过人生规划，确立了各自的目标，却又遇到了种种新的问题：空有雄心万丈，却常常只有三分钟热度，稍作坚持就偃旗息鼓；作业总要拖到最后一刻，才匆忙做完；不懂时间管理，做事东一榔头，西一棒子，忙忙碌碌，效率却很低下……面对高考的重压，大家陷入了极大的恐慌。好在有杨略的父亲在，杨父及时地提出：要取得好成绩，实现自我价值，必须具备强大的自控力。

那么，自控力怎么培养呢？杨父融合心理学、精神分析、人格与情绪管理、思维与动机分析等原理，凝结成十堂课告诉他，自控力训练要分两步走：

（一）开源。通过锻炼提升自控力，方法有：人生规划、培养使命感、克服拖延、刻意练习、专注热忱。

（二）节流。因为自控力有极限，需要科学的方法加以引导，方法有：目标分解、时间管理、劳逸结合、习惯培养、压力管理。

杨略在深受启发的同时，继续把父亲的秘籍分享给朋友们，大家逐一认真修炼，提升了自控力，不仅取得了成绩的进步，而且养成了受益一生的进取心态和良好习惯。

《你在为谁读书4·青少年抗挫力修炼》

当代青少年面临学业、情感、就业的重重包围：成绩不佳，于是郁闷；缺乏动力，于是空虚；看不清前路，于是迷茫；考试高压，于是焦虑……于是会追问：读书到底为了什么？有先哲说，为了幸福。那么，什么是幸福？如何才能幸福？

杨略的爸爸身患绝症，感悟出收获幸福的关键就是修炼抗挫力，于是开发了一套软件，带着杨略进入神奇的醒客世界，开始了十堂修炼抗挫力的课程。

他们穿梭时空，亲历巨鹿之战、甲午战争，窥探朝代更迭、政治演进，见证地球演化、复活节岛盛衰，洞悉资源危机、生态困境，也游历了未来的城市与乡村。他们纵横千古，与孔子、苏东坡、曾国藩、亚当·斯密、梭罗、凡·高等世界伟人亲密互动，畅谈古今，妙解人生，其金玉良言让杨略受益匪浅。

这次奇幻之旅使杨略懂得，抗挫力源于内心的强大，珍视天赋，发挥潜能，自强自律，永葆进取的动力；抗挫力源于对人与社会的认知，正视竞争，用博爱仁厚传播正能量，用理性的心态面对挑战；抗挫力源于精神境界的提升，敬畏生灵，道法自然，诗意栖居，由此获得富足而宁静的心灵。

杨略深受启发，懂得了幸福的真意、时代的需求，也懂得了如何修炼身心，如何融入社会。

CONTENTS 目录

001 / 第一章

心理学研究发现，忧伤、抑郁、焦虑、浮躁等负面情绪，令我们思维迟钝、目光短浅、人际关系紧张，从而更不容易成功。而快乐则能令我们心胸开阔、思维敏捷，也更容易成功。因为大脑喜欢在积极的心态下发展，快乐与阳光让我们的大脑有不断发展的潜力。

011 / 第一课　快乐是持续的竞争力

013 / 一、积极情绪的力量

015 / 二、快乐在先，成功在后

019 / 第二章

在挫折面前，能否抗逆生长，有赖于我们能否对事件进行积极重读，若能做到乐观接纳，找到不足，积极弥补，发现机会，就能向阳生长。这样的人，利用了逆境，发现了前进之路，并且使内心更为强大，更为沉稳。

023 / 第二课　锻炼正向思维的乐观大脑

024 / 一、希望让人免于在绝望中崩溃

025 / 二、为什么林黛玉总是看到愁云

027 / 三、训练大脑，看到更多希望

028 / 四、心灵体操：每天三件好事

028 / 五、乐观的解释风格，让我们抗逆生长

033 / 第三章

人在年轻时必须有所追求，有所执着，对人生投入极大的热情，将自己的潜能发挥到极致，才能活得精彩。不经世事而力求超脱，只能是一步登天的妄想。当一个人在做自己喜欢的事情时，专注、热忱，他能感觉到真实的自我，更充分地实现潜能，成为更完善的人。这样的人，不会为求功名不择手段，不会贪图享受，他们才是实现社会可持续发展的中坚力量。

042 / 第三课　打造不可替代的优势

043 / 一、自卑感的两面性

045 / 二、自卑情结的主要表现

046 / 三、自卑情结的成因

047 / 四、自信的三重境界

049 / 五、接纳自己的不完美

050 / 六、心灵体操：SWOT 分析法发现自我优势

055 / 第四章

一个人生活得是否快乐，从他们的自动思维中就可以看出。遇事就联想到消极、痛苦、郁闷的人，他的生活无论如何都不可能与幸福沾边，即便他的物质生活条件是优越的。凡事能够联想到积极、进取、愉快的人，即使他的生活水平一般，他的幸福感也会比较高。

059 / 第四课　用智慧批驳导致抑郁的信条

061 / 一、抑郁的表现与检测

063 / 二、抑郁的成因

065 / 三、那些害人的不合理信条

067 / 四、检测我们的不合理信条

070 / 五、批驳不合理的信条

073 / 六、心灵体操：如何看待排名

085 / 第五章

“心流”产生时会有高度的兴奋及充实感，并且能促进我们的学业发展、心理成长，因此这种“心流”的体验越多，我们就拥有更健康茁壮的心灵，也越觉得快乐。

094 / 第五课　倾心投入学业和事业

096 / 一、浮躁的表现和危害

098 / 二、用投入来战胜浮躁

100 / 三、用“心流”促进高效学习

102 / 四、心灵体操：创造“心流”时刻

107 / 第六章

世间有许多人在成就中品尝到快乐，并焕发了更旺盛的斗志、更澎湃的激情，进而获得了更高的成就。但对成就的过分追求，也容易让心灵失衡，忘却自己真心想要的，而只顾盲目攀比。所以，我们必须战胜过度的成就欲望，不要让盲目攀比侵蚀我们的幸福。

115 / 第六课　用激情持续获得成就

117 / 一、生命需要激情

118 / 二、有了热忱，任何人都不可以小觑

119 / 三、警惕成就的陷阱

122 / 四、心灵体操：克服过度攀比心理

129 / 第七章

读书让我们认清世界，读书赋予我们选择的自由。读书用功，不是要你跟别人比成就，而是储备力量，以后获得选择的机会、自我实现的机会。

136 / 第七课　追求有意义的人生与学业目标

137 / 一、意义让我们体会到生命的价值

138 / 二、你能否看到读书的真正意义

141 / 三、再伟大的事业也有无聊的部分

143 / 四、心灵体操：挖掘学习中的意义

147 / 第八章

我们从小受到很多“考高分、争第一”等思想的影响，而至于如何与人相处，向来是比较轻视的，直到年纪渐长才发现，人际关系的作用，有时远远超过了成绩。年轻人初涉人世，往往觉得房子、车子、票子是幸福的保证，但是，永远有更好的房子、车子在吸引着我们，让内心难以安顿。唯有事业、亲情与友情，才会带给我们长久的快慰。

155 / 第八课　经营丰富的社会关系
155 / 一、人际关系滋养我们的心灵
157 / 二、正确沟通，让心灵走得更近
160 / 三、心灵体操：感恩练习

165 / 第九章

爱伦·弗朗西斯说：“这种紧张、易怒的恶性状态以及焦灼的感觉耗费精力，使人的工作效率下降到可怕的程度。”当我们深陷焦虑时，要用理智来战胜它，通过风险评估，告诉自己，这事不会有灾难化后果，自己能应付，同时采取行动来解决问题。因为采取行动可以增加我们解决问题的可能性，并且提供重要的推动力。

173 / 第九课　用智慧战胜导致焦虑的信条
174 / 一、最好的时代，最坏的时代
175 / 二、正反两面看焦虑
177 / 三、焦虑自测
178 / 四、焦虑的控制
181 / 五、心灵体操：放松、品味
182 / 六、做好心理准备才能有好成绩
184 / 七、掌控感能从根本上减轻焦虑

199 / 尾声

其实人都是趋利避害的，但人生难免遭遇风雨肆虐，就只好硬着头皮，勉力前行。幸而有理想的灯塔指引，纵然前路迷蒙，也能奋力向前。用心去做，就不会一无所获。

第一章

心理学研究发现，忧伤、抑郁、焦虑、浮躁等负面情绪，令我们思维迟钝、目光短浅、人际关系紧张，从而更不容易成功。而快乐则能令我们心胸开阔、思维敏捷，也更容易成功。因为大脑喜欢在积极的心态下发展，快乐与阳光让我们的大脑有不断发展的潜力。

开学的第一周，高三（6）班的教室里就频频出现怪事。

先是插座自燃事件。按照学校规定，晚自修结束后，大伙儿全都得回寝室乖乖睡觉，教室里是不准留人的。可周二的早上，大家发现，教室里的所有插座都烧坏了，墙上留下一团团电线短路起火的黑迹。

对此，大家倒也不慌张。因为进了高三，常有同学奋起一搏，不惜偷偷在教室挑灯夜读。日光灯自然不敢开，就接盏小台灯，在橙黄的灯光里看书至深夜，这才溜回寝室。月考之前，有人甚至通宵达旦，饿了就用电茶炉煮点方便面吃。由于功率太大，难免会超负荷，时间一久，就把插座烧坏了。只是，所有插座都烧坏，的确是奇怪的。

班主任欧阳子方看到了，询问了一番，并没人承认。除了不愿负责任之外，还有些同学用功了还不愿让别人知道，因为花了九牛二虎之力还学不好，那是极丢脸的事情，他们乐意展现谈笑间樯橹灰飞烟灭的天才风姿。又或者，若是别人看到自己用功，也纷纷效仿，那在竞争中他就全无优势了。欧阳老师看查不出什么结果，就说了些注意安全，小心用电之类的话。中午时分，校工来修好插座，事情似乎也就过去了。

但杨略很快发现，插座自燃事件，只是一连串怪事的开始。

同一天下午，黑板上方的挂钟抽了风似的，分针在滴答滴答的响，却不肯向前走一步。杨略此时担任生活委员，这件事自然落到他头上。可是，他换了电池，却不顶用。他忽然发现，钟盘上的日期显示的是6月9号。而现在，明明才2月份嘛。

没办法，又到后勤处换了个钟，可到了第二天，也就是周三，挂钟竟又不走了。杨略觉得好奇，就搬个凳子，拿下挂钟，在调时针的时候，无意中发现，钟盘上的日期又变成6月9号。

“学校买的都什么次品啊。”

他嘟哝着，把时间和日期都拨准了，挂回原处。可是，周四，他一进教室，挂钟的日期竟还是6月9号。这个日子意味着什么？是他们完成高考的解放日啊。莫非这挂钟已成了精，通了灵？

他的脊梁骨上冒出一股寒意。

不过，他对谁都没说。

只是，怪事还在不断出现。

周五的早晨，女生郑乔姿走进教室，快到自己座位上时，忽然尖叫一声，猛一转身，死死抓住她身后的同桌楚当当，浑身颤抖不已。楚当当虽然胆大，但被郑乔姿这一喊，一抓，也着实吓得不轻。

“怎，怎么了？”

郑乔姿头也不敢回，只是用手一指。楚当当往前看去，发现窗户底下的白墙上，赫然出现了一摊血迹，鸡蛋大小，色泽红里透黑，迸裂出数条枝丫，像是条条血蛇，四处散去，然后齐齐折头往下，细细地游下去，底部聚成一团，成了诡异的蛇头。

“怎么了，喊什么？是老鼠还是蟑螂啊？”来的是杨略、曾泉、陶坷坷等一帮男生。

“是血——”

男生们也是一惊，但都装得很从容。曾泉走到窗前，做出侦探的姿态，负着手，凑近了，细心观察。

“这，好像还真是血。”

陶坷坷远远地看了一阵，却不同意。

“哪是什么血啊，这明明是颜料！楚当当，是不是你的颜料盒打翻了？”

楚当当就坐在第一排，离窗户很近，虽说她已经考了美术专业课，现在一心攻读文化课，可偶尔技痒，也会拿调色板画上几笔水彩画。所以，她的桌上，经常放着几瓶颜料。

“好像……不太可能啊。颜料管里都是纯色，没这种黑红色。再说，我也没调过这种深色，现在我画的都是春天的草绿色。”

“你没有调色，兴许是有人拿你的颜料调了，往墙上一泼。”陶坷坷比画起来。

曾泉说：“动机呢？他这么做的动机呢？”看他的口吻，显然是以侦探自居了。

“搞点恶作剧呗。比如说，失恋了，看书闷了，总之，不爽了，就想发泄一下，拿起颜料，唰，泼墙上，做出血迹斑斑的样子，还可以吓吓人，多过瘾！”

陶坷坷说得头头是道，甚至还模拟了动作，似乎很有经验。

“嘿嘿，你小子就这么干过吧？”杨略微微一笑，插了一句。

“谁没个郁闷的时候呢？”陶坷坷并不否认，并且说，在他家里有一张很大的画板，立在那里，几乎像一面墙，本是爸爸让他学作画的。但他学得不用心，只是用颜色乱涂一气。后来还发明了一招，拿纸巾吸饱了水彩，远远地扔去，啪一声巨响，一团颜料砸在画板上，又飞溅开来，既十分带劲，又颇有些意思。

“实在是发泄怒火、调整情绪的必备良方啊。”

大家哈哈一笑，有些相信了，开始窃窃私语：“到底是谁晚上潜伏在教室呢。”

“又不是谁家都像你这么土豪，”曾泉却是唯恐天下不乱的，依然斩钉截铁地说，“肯定是血！可能是猫在这儿抓耗子，咔嚓，咬断了脖子，血就唰——飙出来了。”

几个女生浑身都不自在了，想到了灰乎乎的老鼠，在教室里东奔西走，甚至有一群老鼠，呼啦啦地四处乱爬。

郑乔姿此时惊魂甫定，恢复了泼辣的本性：“大嘴你也太暴力啊！你们家的老鼠有这么多血啊……又不是人……”说到这里，她声音轻下去，情不自禁打个寒战。

“当当，你看看，颜料有没有变少？”陶坷坷要为他的推理找证据了。

可楚当当偏是个粗心大意的女生，平常丢三落四，颜料管有没有变瘪，她是半点都看不出来，只是模模糊糊地说：“兴许少了吧。”

大家都乐意相信是颜料，于是纷纷点头。可是杨略心里却忐忑，因为他凑近了看时，闻到的绝非颜料的气味，而是一股子咸腥气。当然，也是微微有一点，他不敢确信。毕竟，旁边还摆着垃圾桶，里面还扔着辣鸡翅和蒸鱼干的包装袋。

于是值日生过来，拿抹布蘸上水，几分钟也就擦干净了。一上课，大家的心思又完全被试题占据，教室里严肃寂静，自然把这件事抛在脑后。只有曾泉的大脑袋似乎还有些空闲，急速运转。于是，在课间，一个个恐怖故事从他的大嘴里飞出，闪着幽暗的寒光，在教室里蔓延开来，让大家兴奋了好几天。似乎这个事件，只是给紧张的备考生活增加了点谈资。

但他们不知道，事情并没有到此为止。

到了第二周，细心的杨略发现，有两个人性情大变。其中一个是葛怡，另一个是她的同桌祁月。这二人的性格截然相反，葛怡是一流清溪闪烁着阳光，祁月是一眼古井还罩着浓雾，可突然之间，二人竟似互换了性格。

周一清早，女生祁月走进教室，圆脸像一罐子满满的蜜糖，走路时一晃悠，就溅出一串笑声，坐在座位上，想一会儿就笑笑，想一会儿又笑笑，连上课的时候，脸上都是红闪闪的笑容。

这让杨略有些奇怪，因为以往祁月总像一朵阴云，在教室里静静地待着，不会电闪雷鸣，也不会云开日出。有一回，曾泉说了个笑话，大伙儿都笑喷了，只有祁月一脸漠然，责怪的眼神往四处一瞄，就像洒水车一般，把众人的火苗子都浇灭了。

可短短几天，祁月忽然大变，倒让大家有些不太适应。

“祁月，遇到什么好事了？”有好事者贴过去问。

“秘……密……”很难得，祁月也会这样说话。

杨略以为她是学习有了进步，可上学期期末考试分数很一般啊，而且她上课显然也不在状态，托着下巴，眼睛并不看黑板，反倒望向天花板，或是瞄向窗外，眼珠子浮着幻想的云彩，笑意像一瓶可乐，不时冒上来一串气泡儿。有时她也看书，或做卷子，用笔在上面戳戳点点，勾勾画画。杨略站起来一看，发现上面尽是些尖尖的脸蛋，剑眉朗目，头发描得仔细，画出了光泽。

真没想到，祁月倒还有这一手。

以往下课了，祁月也总是黏在座位上，和作业耳鬓厮磨，硬要培养感情。或许是强扭的瓜不甜，她的成绩一直没什么起色。每次考完发试卷，她都要掩卷皱眉，半晌无语，继而又埋到无休无止的作业里去。而现在呢，祁月似乎全然不把学习放在心上。瞧，下课铃一响，祁月就欣悦地弹出座位，一蹦一跳地出去了。

这太不像祁月的作风了。

杨略不由得想，难道祁月买彩票中了大奖，一辈子不愁吃穿，于是不把高考当回事了？

不过与祁月相比，葛怡可能更不对劲。一直以来，葛怡都是温婉而开朗，像一束清晨的阳光，明亮、活泼，又不强烈。而最迷人的，就是她眉梢和嘴角的笑意，似有似无，真是和煦暖人。

而最近，或者说，自从本学期开学以来，葛怡的笑意越来越少，几乎消失了，连脸上的红润似乎也在消退。这样一来，她脸上的线条就显得有几分生硬，眉间更是锁成一团，开始喜欢独处，埋头在书堆里。

有时她和同学聊天，倒也语笑嫣然，一如既往。可是，每次杨略要接近她，她就会有意无意地闪躲，要么转过身去，要么侧过脸去。总之，他们都没有双目凝视的机会。每天下午的运动时间，原本他们都是一起的，打排球，打羽毛球，其乐融融。然而现在呢，葛怡只和楚当当、郑乔姿等女生一组，和他离得远远的。

这让杨略无比失落，却又莫名其妙。

他想到了几个月前，葛怡生病打吊针，杨略在旁边相陪，又是读诗，又是说知心话，并约定以后要一同旅行，名山大川上都要留下足迹。一回想起来，内心就软酥酥的，要飘浮起来。可这才多久啊，情况却截然不同了。

“是我得罪她了吗？”

细想，却又没有。整个寒假里，他都陪伴着生病的爸爸，又去醒客世界里周游了一圈，没怎么和葛怡联系，哪有时间得罪呢？不过，话说回来，会不会就因为没联系，她觉得受冷落，于是生了气？她不该是那么小心眼的人吧。

“唉，不过，女孩子嘛，总是要人关心的，尤其是在高考之前……”

于是杨略就开始了温暖攻势，每天早早来到教室，把一杯牛奶用自己的热水杯温好，放在葛怡的桌子上，旁边放一张纸签，写一些温馨的语言。他相信，女孩最吃这一套了。

可他没想到的是，葛怡看了纸签，放进了文具盒，留下了牛奶，但并没有马上喝，直到中午，牛奶都凉了，杨略都忍不住要再次提醒了，葛怡才取了吸管，静静地喝完。

从头到尾，她没有对杨略有一点温情的表示。杨略心里有些发凉，但又不能去问，更不能责备，就独自琢磨，到底发生了什么。他就坐她的身后，留心去观察，发现她有点魂不守舍，上课时偶尔会发呆，默默的一脸忧伤，俯首做题时，又半天翻不过一页去。

平静的表面下，翻涌着什么样的浪花呢？她在想什么？莫非，她心里另有所属，正想法子来疏远我吗？或者，另有什么隐情？

“葛怡，你最近怎么了？”他发了短信过去。

“没怎么。”

“看你不在状态……”

“可能是太累了吧。”

“下午放学后，一起出去喝点什么？”学校门口有个咖啡馆，门面朴素，价格低廉，他们以前经常去坐坐，喝点咖啡，聊聊事情。

“我想一个人静一静……”

杨略不知该说什么，神思就虚飘飘的，想认真看点书，却总进不了状态，看作业逐渐堆积，心里又是焦急，又是无奈，脑子却堵塞了一般，稍微遇到点难题，就要琢磨半天。

隔几分钟，手机就会咯噔一下，他急忙抽出来看，却不是葛怡发来的，而是一条新闻，或是广告，也可能是群里谁发了一句话，与他并无关系。他看完了，却没有把手机马上放下，而是顺势点开微信朋友圈，或是人人网，或是微博，看葛怡以往的言论、图片，一条条看下去，时间又咯噔咯噔过去了几分钟，十几分钟，一无所获，而脑子却淤积着无聊、沮丧，浓稠而灰暗。

他又想到了明天的摸底测试，半点把握也没有，心里更是无比沉重，于是长吁了一口气，心里默默念着：“天将降大任于斯人也，必先关其手机，收其 iPad，断其 WiFi，绝其流量……”于是恶狠狠地将手机关闭，扔进抽屉深处。

“又虚耗了一天。”他长吁了一口气。尽管训练过自控力，可是，一旦情绪不佳时，他脑子里就会野马飞驰，根本控制不住。

胡思乱想中，第二周熬过去了。摸底考试的成绩出来了，自然让他脸上无光，欧阳老师甚至专门找了他一趟，询问他的近况。这种关心让他温暖，也让他十分羞愧。

在教室里，几位成绩有进步的同学一脸喜色，在谈论试题和解法，兴致勃勃，顾盼自雄。他心里不由翻涌出一股酸意。

“这是嫉妒，还是自卑？”

面对高考和前途，他忽然有种前所未有的恐慌。看着葛怡的背影，他不由得想，为什么偏偏在这个节骨眼上，你要这样对我？难道你要害我到前途尽毁吗？但怨气在头脑里盘旋了一会儿，就消散了。毕竟，她是葛怡啊，无与伦比的葛怡，他倾心爱慕的葛怡啊。

因为是高三，所以连周六也上半天课。但休息日终究是伴随着雨雪到来了。一大早，寒风一阵紧似一阵，四处黑沉沉的，像是夜晚根本没有散去，天穹就是个黑顶子，到了七八点钟，被一把大锯子刺啦刺啦地锯开，碎屑纷纷扬扬，就成了雪片，大朵大朵地飘下来，天地倒是明亮了些。

中午时分，大家做完了试卷，就放学了。操场上，同学们在玩雪，拍照，兴奋异常。就算有高考的高压，但少年们总有旺盛的活力。

可杨略没有这样的闲情逸致。发生了这么多事，一周竟比一年还长，他已经身心俱疲了。

爸爸知道他要回家，就在客厅里等着他。经过一段时间的恢复，爸爸情况稳定，虽然依旧清瘦，但精神好了许多，原本蜡黄的脸上，开始出现了一丝红润。

杨略刻意要掩饰内心的失意，就装出一切如常的样子，嘘寒问暖，但心绪毕竟是不同了。妈妈花了心思，做了一桌饭菜，又给他夹肉夹菜。

“多吃点，都是你爱吃的。”

可杨略看着那些油腻的菜，无端地觉得厌烦，就把碗往后一缩。

“妈，别夹了，我想吃的话，自己会夹的！”

声音是高了些，把自己也吓了一跳。妈妈有些错愕，夹着鱼肉的筷子在半空里停留一会儿，无趣地回到自己的碗里。杨略心里有些歉意，但似乎还不到道歉的程度，饭桌上就有些尴尬，三个人都默默地吃饭。

饭后，爸爸坐在沙发上，拍拍旁边说：“略略，来，陪我坐一会儿。”

杨略在沙发上坐下了。

“最近在学校里还好吗？”

“还那样，就三点一线，一个个忙得都跟狗似的。”

杨略执意要说得轻松有趣一点，但他的表情，却是半点笑意也没有。

“我看你都有黑眼圈了。我以前告诉过你，自控力是要科学利用的，不能蛮干啊。”

杨略点点头，眼睛却不敢直视爸爸。

“最近心情不好？”

杨略没有回答，但答案全在脸上了。

“高考压力大？”

“嗯。”

“这次考试成绩不太好？”

“嗯。”自然，爸爸是明白人。

“可能是因为我的身体……影响了你吧？”

“不是，”杨略抬起头来，“你别这样想，根本不是这样。”

“就算是，也没关系。这都是难免的。人这辈子，难免有个沟沟坎坎。而一旦心里不快活，抑郁啊，焦虑啊，像一群苍蝇，在脑子里飞啊转啊，嘤嘤嗡嗡，那个头疼啊，脑涨啊，根本集中不了注意力，学习效率肯定受影响。”

爸爸的话，真是每个字都说到杨略心里去了。爸爸之前遭遇了癌症，内心远比自己绝望。可是他坚强地挺过来了，现在随时可能复发，可他能安然处之。他是怎么做到的呢？

“那我该怎么办？爸爸，我心情糟透了，而现在离高考只有一百多天了。万一我还是这样，真的会废掉的……”

说到这里，他的泪珠已在眼眶里打转了，嘴角有些抽动，他赶紧用手捂住了脸。

爸爸在猜测儿子难过的原因，但一时又猜不出来。不过，青少年嘛，尤其是遇到高考这样的大事，或者还夹杂着情感的元素，难免会情绪波动。当然，原因或许不重要，关键是通用的方法。

“关键还是要快乐起来。”

"快乐？"杨略似乎苦笑了一声，又似乎是叹了口气。

爸爸没有理会他的情绪，径直说了下去。

"心理学研究发现，忧伤、抑郁、焦虑、浮躁等负面情绪，令我们思维迟钝、目光短浅、人际关系紧张，从而更不容易成功。而快乐则能令我们心胸开阔、思维敏捷，也更容易成功。因为大脑喜欢在积极的心态下发展，快乐与阳光让我们的大脑有不断发展的潜力。简单地说，越郁闷就越愚蠢，越快乐就越聪明。对于高考，其实也是如此。"

爸爸说得似乎有些兴奋，可是杨略却在想，这是老生常谈。他当然知道快乐的好处，也希望天天快乐，就算不成功，能傻傻地快乐着，那也不错。可世间有这样的便宜事吗？

"爸爸，快乐在哪儿呢？"

似乎说到了关键处，爸爸凝视着杨略，放缓了语速，似乎要用一柄雕刀，将以下的语句一个字一个字地镂刻在杨略的大脑里。

"快乐不是一种境遇，而是一种世界观，是看待世界的方式。"

"世界观？"杨略若有所思。

"平常人的心情是墙头草，风吹两头倒。成绩考好了，职位升迁了，股票涨了，就阳光灿烂；成绩下降了，项目泡汤了，股票跌了，就阴云密布。可是，一个真正快乐的人，不管是春和景明，还是风吹浪打，都能闲庭信步，从容应对。他们遭遇打击时，也会感到失落，但总能及时地自我调节，重新振作起来。"

"爸爸，你就是这样的人吧？"

爸爸的脸上露出了慈爱的神情。

"真正的快乐，是平时善于修炼强大的内心，在坦途上欣然进取，在逆境中挑战挫折，用乐观的心态激发潜能，全面提升竞争力。"

杨略心念一动："爸爸，你能给我讲讲这个吗？"

"我正有此意。以前我们讲过自控力，讲过抗挫力。从今天开始，我们要讲快乐的方法。因为在我看来，一个人如果不懂得快乐，就算再聪明，再努力，终究是梦幻泡影。而一个心灵阳光的人，就算一时成绩不佳，境遇不顺，最后都会拨云见日。"

“那我们的课程叫什么题目呢？”杨略兴奋起来。

“就叫‘快乐竞争力’。因为快乐才是真正的竞争力。”

杨略被这几句话打动了。他非常愿意相信，爸爸会用智慧消除他心头的阴云，让他在快乐中迎接高考。

“那你什么时候给我讲呢？”

“我早给你准备好了。”

爸爸从一旁的抽屉里，拿出一个大信封，递到杨略的手里。

对此，杨略已经不意外了。爸爸总能体察他的心思，通晓他的需求，并给予及时的帮助。他拿过信，心情轻松了些，回到房间，打开了信封。里面照例是一沓厚厚的信纸。一笔一画，都是爸爸手写的，笔迹工整端正，没有涂改。看得出来，他是誊抄过的。

外面，雪已经停了，四处是明亮的雪光，映进房间里来，四处亮堂堂的。杨略看着信，闻到信笺上散发出墨水的清香，不由陶醉了。

第一课　快乐是持续的竞争力

亲爱的杨略：

见字如面。

今天早上醒来，特别想给你写信。毕竟是大病初愈，并且前途未卜，我内心时常感到焦虑、抑郁，总想要找个人来倾诉。

过年时是热闹的，家里来了很多人，都是身体好的，红光满面的，没动过手术的，他们例行公事地来安慰我，言不由衷地鼓励我。

我勉强笑着，说着没事没事，多劳牵挂，谢谢探望。可内心却想，哼，都是站着说话不腰疼，有本事，你们也得个癌症试试？你瞧，刚安慰完我，这帮人一坐上饭桌，又都开心得哈哈大笑起来。

唉，真应了朱自清的话，热闹是他们的，我什么也没有。还好，你和妈妈是真心关爱我，让我觉得温暖。可惜啊，一过完元宵，你们上学的上学，上班的上班，家里就留下我一个，孤苦伶仃，百无聊赖。看电视吧，提不起兴趣来。电视里有什么呢，尽是些红男绿女，活得那么带劲，看了真让人嫉妒。虽说有个保姆帮忙烧饭，端茶倒水，可她毕竟是外人，聊不上几句。有时我想，她或许会希望我就这样不死不活地拖着，让她多挣点钱吧。假如我死了，或健康了，就不需要她了。

哼，我才不会让她如意。我想展现出健康的一面，趁着体力尚可，决定出去走走。前两天下了雪，今天出了太阳，按节气，现在该是立春了，梅花或许已开放。于是来到灵峰，嚯，这儿的梅花开得多好啊，红艳艳的，明晃晃的，漫山遍野流淌着热闹的色彩。

我起初有些欢喜，觉得阴云里透入一丝亮光。但在树下站得久了，却不由得想，梅花纵然好看，只可惜，今年看了，明年还看不看得到呢？这世界没了我，或许连一丝波纹都不会有，只会在公墓里多一块墓碑，微不足道地立在斜阳里。唉，一辈子啊……

想着想着，我在梅花树下泫然而泣。游人们用奇怪的眼神，看着我这个消瘦单薄、眉发全无、满脸泪水的小老头。

看到这里，略略，你是不是觉得压抑难言？是的，我行文之中，充满了负面情绪，抑郁、焦虑、懊恼、愤怒，同时，它们让我更为绝望，激发出更多的负面情绪。我似乎戴了一副有色眼镜，处处挑剔，时时找碴，将亲戚的善意视作虚伪，把保姆的照顾视作别有用心，甚至在梅花丛中，也只有良辰难再的无望。而这种负面情绪，又将损害我的健康。

好了，略略，其实，刚才那套话，完全是我编出来的。你知道的，我完全不会那样。下面才是我的真实情况。

此刻，我是在梅花丛中给你写信。过年时家中热闹，亲戚如云而至，一些多年不见的老友也忽然出现，与我促膝长谈，抚今忆昔，让我深感快乐。我想，去年的手术也是很成功的，加上心情愉悦，就觉得身体渐渐恢复。元宵之后，你去上学，妈妈去上班，我闲来无事，趁着立春时节，天地里萌发出一丝春意，就携带一只背包，来到西湖以西，闲步于湖山林木之间，呼吸那清新蓬勃的世间元气。

今天，我在灵峰探梅，看一树树梅花在阳光下开得明媚，不由欣喜万分。梅花有胭脂红的，有玉石青的，也有柠檬黄的，有打着朵儿的，有欲放还羞的，也有完全盛开的。我站在细风里，看粉嫩的花瓣，辐射状的花蕊，还有精致的花萼，心就纯然安静了，却又无比富足，有许多话要满溢出来，不由感慨，在如此美好的人间，就算多活一天，都是多么快乐的事情。我心里充满了感恩。抬眼望去，但觉无处不好。我的嘴角带着淡淡笑意，目光拂着过往的游人。他们感觉到了，也纷纷以微笑回应。

于是我又走了一阵，忽然很想写点什么，就走出植物园，在青芝坞随意寻了家小店。位置靠窗，窗外恰好有一树红梅，树下是细嫩的新草。我点了杯龙井茶，从背包里取出纸笔，在花香中给你写信。你说，这种意境是不是极美？

略略，真的，这是同样的一天，主角同样是大病初愈的我，但只是因为情绪的不同，前一个场景完全是末日的阴沉，而后一个场景却如春日般和煦。

你愿意把日子过成什么样子呢？

想想看你最郁闷的一天，如果让你重新过一遍，能不能把它过得快乐一些？这可是我布置给你的作业哦！

一、积极情绪的力量

当然，看到这里，你心里肯定在叹息，甚至抱怨了："老爸，我还能过得快乐？得了吧，我只是个机器，整天做题，做题，考试，考试，人都发霉了。"

你的意思是，在高考的压力下，谈快乐，是不是过于奢侈？那么，我想问你，你准备什么时候去快乐呢？估计你会回答："等高考之后吧。"

万一你高考失利呢？当然，我非常不愿意看到这一点，但是，谁能保证你必然成功呢？面对失败，你还能快乐起来吗？

于是你回答："等我考上名牌大学吧。"

好，许多人都是这样想的，先痛苦着，忍受着，等拿到录取通知书，就扬眉吐气，心满意足，无比快乐。可是，可是，这种快乐是持久的吗？高考后的几个月，你或许成了一只快乐的气球，轻飘飘的，陶醉醉的。

可等你上了大学，尤其是名牌大学，就面临与更多优秀人才的竞争，面临升学、就业的压力。你准备怎么样？好吧，拿出以前那一套，继续痛苦着，忍受着，等待着考上研究生，或者找到工作，然后再快乐。吃苦在先，快乐在后。

然后呢，你像被卷入了一场滔滔的洪水，越来越难以自主。工作之后，一晃儿就考虑成家，于是购房、购车，再结婚、育儿。到了这一刻，你就上有老、下有小，种种压力扛在肩上，想过自己的日子而不可得，每日眉头紧锁，勠力向前，心里念叨着：熬过这一阵，等到升职，我再快乐；等到加薪，我再快乐；等到孩子长大，我自由了，我去旅游，肯定会快乐……

结果，等到那一天，你已经年过半百，想要的快乐，却没有如约而至，想要的旅游，却没有足够体力去了。于是沮丧地想：这辈子到底得到了什么？

对不起，我不该用“你”，而应该用“我”。因为，我就是这样过了一辈子，或者说，大半辈子。我就像一头蒙着眼睛的驴，绕着磨盘转了一圈又一圈，满以为走遍了全世界，其实一直在原地转圈。

直到我得病之后，终于放慢了脚步，甚至站住了，才开始反思：我的时间去哪儿了？说好的快乐，又在哪儿？于是我不停地读书寻找答案，宗教的、哲学的、心理学的。最后，在积极心理学那儿，我找到了答案。而这个答案，可以用美国作家玛格丽特·伦贝克的一句话来概括，那就是：“快乐不是你要到达的终点，而是你旅行的方式。”

是的，当我们忍受痛苦，追寻成功，总以为成功之后，就会有一劳永逸的快乐。其实，成功的确会带来快乐，但这种快乐是暂时的，我们很快就会适应，于是身在福中不知福，继续去追求更大的成功，填补内心的空缺，如此周而复始，人生就过去了。

而如果这个追求的过程也是快乐的，那又会产生怎样的情况呢？好处有以下三个：

第一，快乐让我们心情舒畅。

这显而易见。就像我在信里写的两个“我的一天”，积极情绪让我轻松愉快，对世界充满感恩，对未来充满希望。如果你能保持这样快乐的心境，自然也会感觉到生活的美好。

第二，快乐拓展我们的思维。

消极情绪限制人们的思想和创造性，积极情绪扩展我们的视野，活跃我们的思维。比如，喜悦会激发探索和发挥创造性的冲动；而宁静激发出我们品味当前情境，把自己融入周围世界的冲动。

第三，快乐改变我们的未来。

当我们更快乐、更积极时，我们会变得更成功。具有积极情绪的医生,他们做出的明智且富有创造性的诊断几乎是具有中性情绪医生的 3 倍，而且准确诊断的速度要快 19%；乐观销售员的业绩要比悲观的同行高出 56%；在考试前心情愉快的学生的成绩要远远高于心情一般的学生。所有结果表明,我们的大脑表现最好的时候绝不是消极悲观或心如止水的时候，而是被积极情绪包围时。所以，成功是快乐的先锋，而不仅仅是结果。

总之，快乐不仅让你倍感欣悦，它本身就是一种竞争力，令人思维敏捷，视野开阔，充满创造力。我们称之为快乐竞争力。而这又是一个很大的话题，我决定再用九封信，和你细细地谈这个话题。

二、快乐在先，成功在后

我们一般都说，青春何其美好，又何其短暂易逝。可是，当你正身处青春，尤其是中国式青春，你真的觉得只有美好吗？其实，青春期充满了起伏波动、无端的烦恼、对自我的怀疑、对别人目光的敏感，种种困惑，组合成五味俱全的青春岁月。

如何才能让青少年更快乐，更有创造力，这是中国教育的重大任务和难题。因为我们重视成绩，重视竞争，所以常常说，“吃得苦中苦，方为人上人”，说“学海无涯苦作舟”，就仿佛我们应该视读书为苦海，视学习为畏途，于是青少年普遍不快乐，成绩差的就厌学，成绩好的也整天忙于竞争，陷入焦虑的深渊。

那么，有没有办法，让学生既享受快乐，又提升成绩呢？近年来教育心理学界提出了一个崭新的概念，叫作学业情绪，它对学习和成绩影响更大。

所谓学业情绪，是指学生在学习过程中，与学业密切相关的各种情绪体验。结合中国青少年的实际情况，我总结出如下 18 种学业情绪：

积极情绪	希望	自豪	宁静	兴趣	感激	幽默	激励	从容	喜悦
消极情绪	失望	自卑	焦虑	疲乏	孤独	气恼	嫉妒	恐惧	抑郁

在该表格中，积极情绪和消极情绪相互对应。积极的学业情绪让人高瞻远瞩，用美好的心理体验，拓展自身能力，比如希望让人不屈不挠，自豪让人自我尊重，宁静让人思维敏捷，兴趣让人乐而忘忧，感激缔造美好的人际关系，如此种种，都让人终身受益。

综合而言，积极学业情绪有以下作用：

第一，有利于提升注意力、记忆力、推理能力，提高学习成绩。

第二，能激发正向的学习态度，促进自主学习。

第三，能促进良好的师生关系、同学关系。

第四，能促进学生心理健康。

也就是说，如果我们能激发出自己的积极情绪，减少负面情绪，那我们不仅能更快乐地生活，也能提高学习效率，改善人际关系，获得心理健康，可谓一举而多得。当然，心理学家发现，负面情绪和积极情绪的比例是1:3～1:11，负面情绪太多，或者太少，都不利于我们发展。

那么，我们怎样才能获得这种比例呢?

我经常说，快乐不只是感觉，而是一种世界观，在这里，我还要告诉你增强快乐竞争力的七个法则：

1. 锻炼正向思维的乐观大脑；

2. 打造不可替代的优势；

3. 倾心投入学业和事业；

4. 用激情持续获得成就；

5. 追求有意义的人生与学业目标；

6. 经营丰富的社会关系；

7. 用智慧反驳导致抑郁、焦虑的不合理信条。

略略，接下来，我会用八次课，把这一套方法都告诉你，让你在快乐中成功,在成功中快乐。我想,在自控力之后,这又是会让你终身受益的修炼。

这封信我自然是用了好多天写成的。刚写信时阳光普照，之后气温骤降，写到今天，信是写完了，可窗外居然纷纷扬扬下了一天大雪，于是不免又想加上几句。

你知道吗？当我看着那硕大的雪花密集地飘落，积在草地上，屋顶上，车背上，心里掀起了无比的兴奋。啊，我已经多久没有为下雪而如此欣喜了！

记得小时候，每到彤云密布，心里就开始期待。终于下雪了，就猴子似的再也难以安坐，也不打雨伞，就和小伙伴们窜到雪中，又是蹦，又是跳，又是喊，又是叫，用舌头去舔雪花，迫不及待地用薄雪去堆雪人。到了晚上，心有不甘地回家睡觉，又期待着晚上雪下得更大一些，最好不要停。第二天早早起床，去看银装素裹的世界，要第一个把脚印留在厚厚的雪地上。但是，雪地上的第一行脚印，往往是梅花状的，那是狗留下的。它们看到雪，也是如此快乐啊。

但随着年纪渐长，这种兴奋减淡了。尤其是最近几年，看到下雪，我就有几分忧心，怕路上有冻雪，第二天堵车，上班又得迟到了。这种想法真是大煞风景啊。

幸好，我此刻重新有了儿时的冲动，看到小区草坪上厚厚的积雪，看到远山白茫茫一片，就很想去堆雪人，去打雪仗，去爬山，去找那些被雪光照花了眼睛的野兔和野猪。

这是多么好的世界。

祝福你，亲爱的儿子。

最爱你的

倪甫清

2月16日

看到爸爸的署名“倪甫清”，杨略不由笑了。这是初中时爸爸写匿名信时的化名，谐音“你父亲”。一想到往事，他的心里照进了一束奶油色的阳光。看爸爸在信中描绘的雪景，不由心动，于是离开房间，走下楼去，来到江边的一片水杉林子里。

雪又开始飘落。水杉清朗的枝条上覆盖着雪花，成了粗大的棉花条。树下是厚厚的积雪，将落叶、杂草一并遮挡了，只露出一条石板小径。这小径已不再是平时的浅灰生硬，而是点缀着一行行鞋印。杨略心里逐渐快乐起来，又想到了爸爸给他布置的作业，列举情绪最消极的一天，用积极情绪去替代。而那一天，莫过于拿到成绩时，他数学刚刚及格，语文也不过一百来分。他顿时天昏地暗：这就是我真实水平？那我完了，什么名校梦，彻底报销了。

如此越想越无望，心头却冒起一股无名火，越烧越旺，最后深恨起自己来，总想要破坏一点什么才好，或许，该打自己几个耳光？

如果换上积极情绪，应该怎么过呢？杨略开始想象：

我拿到了全部的考试成绩，顿时愣在那里。数学的失败我是能预料的，可是语文怎么也这么低？其他科目也没有一项是景气的。情绪低落自然不可避免。但我想到了过去的好成绩，那都是不争的事实。从概率上来说，对于我而言，考得好是正常发挥，而这次只是发挥失常。一次而已，有什么了不起？而这次考砸的主要原因，不就是因为爸爸生病，葛怡对我冷淡，让我心绪不宁吗？换句话说，我要是在那种情况下，还像一个冷血动物一样，完全不懂感情，只顾自己看书考试，没点人情味儿，那才真的糟糕呢！

这样想着，我心里渐渐舒服了些。再去看几份试卷，发现错的地方都有共性，也就是我平时学得不扎实的地方，这次考试刚好指明我的软肋，以便接下来的四个月内好好弥补。真有不懂的地方，为什么不去向别人请教呢？嫉妒，得了吧，大家都是好兄弟，互相激励才是最重要的。嘿嘿，下次谁高谁低，那还说不准呢！

另外，关于葛怡，我相信，她应该只是暂时有难言之隐，而不是要远离我，过段时间就会好的。

我的心里重新鼓起了风帆，郁闷之气荡然无存。我拿出错题本，对自己说一声：知耻后勇，见贤思齐！咱男子汉还怕这点小风波？笑话！

杨略沉醉在思绪中，越想越开心，有种摧枯拉朽的畅快感。

在他看来，爸爸的信，或者说积极情绪，就像一天洁白的大雪，把嘈杂纷繁的过去都给覆盖了，留下一片清亮澄澈，容他用自信的脚步，盖上一个个快乐而充实的鞋印。

第二章

在挫折面前，能否抗逆生长，有赖于我们能否对事件进行积极重读，若能做到乐观接纳，找到不足，积极弥补，发现机会，就能向阳生长。这样的人，利用了逆境，发现了前进之路，并且使内心更为强大，更为沉稳。

新的一周开始了，在教室里天天看到葛怡，虽说有爸爸的指点，但杨略还是心绪难平。葛怡的态度依然如故，杨略并不气馁，继续对她采取牛奶攻势，相信精诚所至，一切都会迎刃而解。他沉浸在柔情的想象中。直到有一天，葛怡把纸签和牛奶都递了回来，纸签上还多了一行纤秀的字："谢谢你，以后不要送了，好吗？"

杨略愣住了，一时不知怎么办才好，只是觉得心里头一阵阵发酸。他觉得自己就像一堆柴火，在冰天雪地里，奋不顾身燃烧了自己，可她呢，却不来取暖，就让他灰飞烟灭，无处归依，毫无价值。他觉得孤寂了，要同情自己了，甚至连嘴角都抖动了。但毕竟是男生，他忍住没出息的哭泣，用笔捅了捅葛怡的背部，轻声询问："你怎么了？"

啊，这个动作何其熟悉。以前他只要一捅葛怡的背，她肯定会轻盈地转过身，把手臂搁在杨略的桌子上，眼眸里满是笑意，两人嘻嘻哈哈，又是说不尽的话题。这一瞬间，他很希望最近一段时间，自己只是做了场噩梦。如今梦醒了，一切就如常了。

可是，葛怡却没有转身，只是摇了摇头。他有些不知所措，但在众目睽睽之下，却又无可奈何，就拿出手机，发了个信息过去。

"发生什么事了吗？"

"没有。"

"为什么不接受我的好意？"

似乎过了好久，手机才震动。

"是我的错。"

"你有什么错？"

"反正都是我的错，对不起……"

"到底是什么地方错了？"

没有了回应。杨略好不容易熬到中午就餐时间，他跟上了葛怡，不由分说，一把拉住她的手，带到食堂边上的小树林。就在这里，他们曾一同散步，闲坐，留下无数美好回忆。

"葛怡，你到底是怎么了？"

葛怡挣脱了他的手，脸上还慌乱不已，又不敢去正视他，就面朝着一株高大的水杉。水杉落尽羽毛状的叶子，还没能抽出绿芽，显得有些瘦削而萧条。寒风在林子里呼啸而过。天上彤云密布，依然是下雪的季节。

杨略却感觉不到寒冷，他的心思，完全被一股子怨气占据了。

“我做错什么了，你就这样……”

“你没有做错什么。”

“那你为什么不理我？”

“我……没有。”

“你都没看过我一眼……”

“我不想……”

杨略失魂落魄。他觉得，葛怡虽然近在眼前，却又那么遥远。冷风终于灌进他的衣领，直钻到身体的四处去。

“你到底是怎么想的？告诉我好吗？你别让我不明不白的……”

他低声地说出这句话，身子骨忽然松垮了，变得无比孱弱，脚底下虚飘飘的，心里更是没着没落。

自从他得知爸爸生病以来，一直深陷巨大的忧虑之中。爸爸虽然进行了有效的治疗，但随时可能病情恶化，并离他而去。而他自己呢，近来学习不在状态，真是前途未卜。幸好他还有葛怡，彼此情投意合，可以作为内心最坚强最温暖的依靠。

可现在呢，一切轰然坍塌。长久淤塞的悲伤，就如洪水滔滔，奔涌而出，再难平息。他一时难以自控，鼻子开始发酸，他用手捂住嘴，但抽泣声还是从唇齿间一波波地释放出来。

而葛怡却似乎冷静下来了，因为背对着，他看不到她脸上的表情。

“我……”她终于说话了，但才说了一个字，就停顿了，许久才又清了清嗓子，似乎在忍住哭泣，继续说，“我只是不想考虑那个问题。”

“不考虑什么？”

对于答案，杨略是心知肚明的，但还是不愿面对。太长久了，从初中开始，已有长长的五年光阴，他最清澈的青春时光，都与葛怡一同度过。她早已是他生命中最珍贵的一部分。如今要生生地剥离，怎能不连血带肉？

“你知道我在说什么。”葛怡似乎下定了决心，转过身来，泪眼婆娑，迷茫无比，“对不起，杨略，我……”

她的身体在剧烈颤抖。显然，她的决心是脆弱的，一看到杨略的眼泪，所谓的决心，顿时溃不成军。于是，她选择逃离了，慌慌张张地跑开，发带被树枝钩到，马尾辫顿时乱了。她干脆扯下发带，披头散发而去。

杨略看着她的背影，就好像看着一朵灿烂明丽而又无情飘逝的流云，一段温暖美好的往事渐行渐远，却又绝难挽回。

当晚，平生第一次失眠。夜很深了，他还枕着手臂，看窗外的廊灯。凌晨时分，他打着手电，趴在床上，在日记本上写字，歪歪扭扭，又被滴落的泪水打湿。他心里想，以后每次读到这里，视线都将崎岖不平。

接下来几天，他上课恍恍惚惚，只在书页边上画些图案，纵向画下一条线，倏然几个曲折，便是少女的侧面，轻巧的额头、鼻子、下巴，也不添眼睛和嘴唇，只留一片混沌。下课就发呆，有时也故意在葛怡面前走过，双手插兜，趿拉着鞋，一脸颓废，重重地叹气，希望唤起她的同情。

就这样浑浑噩噩地过了几天。他制订的学习计划，从来没有按时完成过，这又令他心急如焚，脑海中有厚云在浑浑涌动，不时触发闪电，就急躁得想要做点出格的事儿。课间站在四楼的窗边，看楼下青翠草地，偶尔会有往下跳的冲动。猛然清醒过来，却将自己唬住，立即逃脱开去。

他偶尔会想，祁月和葛怡的变化，还有自己的抑郁，是不是几件怪事的延续。难道，这个教室受了诅咒？

而中招的人还在增加。杨略奇怪地发现，陈子轩最近也有些不正常了。

陈子轩曾经迷恋网络，时常偷偷跑去网吧里玩到深夜。上学期时，真是机缘巧合，一天晚上，他翻围墙时，恰好碰到他爸爸缩在墙角。原来他爸爸来送衣服和饭菜，时间晚了，进不了学校，又舍不得住旅馆，就在围墙外蹲一宿。这令他无比震惊，而后幡然悔悟，锐意向学。可惜学业荒废太久，要想进步，不免要拼了老命，晚上都舍不得睡，拿出过去在网吧熬夜的精神，在教室里熬夜看书了。

此外，陈子轩还擅长画漫画，最近有一组漫画在知名杂志《绘心》上发表，在校园里赢得了不少赞誉。照理说，他应该奋发进取，不知疲倦，向梦想靠近。

可最近呢，杨略发现，陈子轩又开始逃学了。有好几回，他在晚饭时间消失，不参加晚自修，等寝室里都快熄灯了，他才红光满面地出现，兴奋异常，一边脱衣服，一边高谈阔论，话题不外乎两个，一是批判应试教育，二是大谈名人创业。他说得唾沫星子乱飞，最后，往往会感叹一声："读书顶什么用！对比那帮牛人，我就是很失败啊。"

"哪帮牛人啊？"曾泉从上铺探出头来。

陈子轩说："说了你也不认识。"

"都不认识，还牛什么呀？"班长单昀也放下英语词汇表，表示了一定的兴趣。只有杨略没在听，最近他看什么都没状态，干脆就拿出了爸爸给他的信。

"你是没去听，听了你也得服气。"

"听？听什么？"说话的是曾泉。

"讲座啊。是一些成功人士的讲座，就在旁边的理工学院，每周好几讲呢。要说吧，那些家伙可真了不起，要家境没家境，要学历没学历，就靠白手起家，年薪几百万，真是典型的人生逆袭啊！"他很是感慨了一番。

杨略也没怎么在意，只顾看他爸爸的来信。

第二课　锻炼正向思维的乐观大脑

亲爱的杨略：

最近总是下雨，闲来无事，不能去山林，就钻进电影院。四下里灯光一黑，身下是酥软的沙发，眼前只有一张屏幕，忽然就超然世外，浑然忘却平日忧烦，尽心沉醉到电影中，进入一段段爱恨情仇中去，真是极美好的体验。

我还记得你曾说过，因为一些大片让你期待很久，但走进影院，却大失所望，于是就换了种心态，任何电影，你都不抱希望。这样就有了两种结果：若是电影不错，心里就惊喜；若是电影很糟，也没关系，没有希望也就无所谓失望。

你阐述了这套理论后，还故作深沉地说："其实人生也是这样啊。"似乎在你看来，希望乃是失望之源，要弃之如敝屣的。

事实真是如此吗?

有时候我们毫无期待地走进影院，不料看了一部很好的电影。那你快乐了多久呢?看电影的两小时，外加一点回味的时间。再比如说，如果你非常期待一部电影，时常在网上搜索相关消息。等到公映时间确定，你更是翘首以盼。平日里，一想到再过几天即可观看，心里便翻涌着欢喜。终于等到了首映之日，你立刻坐进影院。当恢宏熟悉的音乐在影院里响起，宁静优美的场景在屏幕上出现，你的心里更是幸福难言。经过两个多小时的视听享受，走出影院时还在回味无穷，并且开始期待下一部。算算看，这部电影让你快乐了多久?居然快乐了一年!

可见，希望乃是快乐的一个源头。

一、希望让人免于在绝望中崩溃

这几日，我在读托尔斯泰的《复活》，这虽是一本写心灵救赎的大书，但在我看来，谈的却是希望。曾经的罪孽可以清洗，麻木僵死的内心可以复活，人生可以重来一次，变得像素莲花一般洁净。这是多么美好的事情。你瞧，小说的第一段多么意味深长：

尽管好几十万人聚居在一小块土地，竭力把土地糟蹋得面目全非，尽管他们肆意把石头砸进地里，不让花草树木生长，尽管他们锄尽刚出土的小草，把煤炭和石油烧得烟雾腾腾，尽管他们滥伐树木，驱逐鸟兽，在城市里，春天毕竟还是春天。阳光和煦，春草又到处生长，不仅在林荫道上，而且在石板缝里。凡是春草没有锄尽的地方，都一片翠绿，生意盎然。桦树、杨树和稠李纷纷抽出芬芳的黏糊糊的嫩叶，菩提树上鼓起一个个胀裂的新芽。寒鸦、麻雀和鸽子感到春天已经来临，都在欢乐地筑巢。

这段话，你看了或许觉得很平常。可是，刚从病榻上走下来的我却情不自禁地流下眼泪。这些文字中流淌着一股伟大的生命力，让我想到了很多，似乎看到流动的阳光，像风，也像音乐，在广袤的大地上翩然舞蹈，化作柳芽上的浅绿、玉兰蓓蕾上的绒毛、迎春花瓣上的鹅黄。虽然我的身体曾被癌细胞侵害得生不如死，但到底萌发了生机。

今天刚好是雨水节气。昨夜下了一阵寒雨，今晨雾气甚重，但随即就放晴了。我在小区里散步，用相机细心地记录着细微的春光：草叶上悬着的露珠，青苔上像极了豆苗的苔丝，杨树的嫩叶是它飞翔的羽翅……一个上午，我都沉浸在柔软的诗意里。

我该给这些照片取一个名字。叫什么呢？“希望”吧。虽然稍显俗气平常了些，但却是我今天这封信的主题啊。

希望是什么呢？如果生活顺风顺水，轻舟万里，就不必有希望。或者说，如果目标是立等可取，投进一枚硬币就落下一瓶可乐，一切顺理成章，希望就显得平淡。唯有境况急转而下，身陷困境，乃至绝境，却依然对前景有乐观的估计，这才叫作真正的希望。

在希望的深处，是相信事情能够好转的信念。无论目前处境是多么恶劣或不确定，却相信事情可以变好。在我生病之时，虽然起初也曾灰心、怨恨，但渐渐的，希望就占了上风，希望支撑着我，让我免于在绝望中崩溃。

对于你而言，希望是你目前最重要的积极情绪，请和我一起，去领略它，了解它，欢迎它，拥抱它吧。

二、为什么林黛玉总是看到愁云

《红楼梦》的第七回，有这样一个片段，说的是周瑞家的奉了命，拿着御赐宫花，去送给贾府里的各位小姐。黛玉便问道：“是单送我一个人的，还是别的姑娘们都有呢？”周瑞家的答道：“各位都有了，这两枝是姑娘的。”黛玉冷笑道：“我就知道嘛！别人不挑剩下的也不给我呀。”周瑞家的听了，一声儿也不敢言语。

周瑞家的“一声儿也不敢言语”，心里定然是生了厌烦。黛玉的确是聪明人，看清了自己在贾府的地位。可是，这种思维方式，怎能不令她体弱多病，多愁善感？

所以我们就很想知道，为什么有人喜欢这样自讨苦吃，愿意看事情的消极面呢？

其实，这是人的正常心理，叫“负面偏好”，也就是说，人会更多地注意负面信息和事件。美国心理学家罗伊·鲍梅斯特（Roy Baumeister）等人写了篇48页长的论文，题目就叫《坏比好强大》，总结了这些研究：坏事比好事对人的影响要大。

举个简单的例子，你捡到一百块钱的高兴劲儿，和你丢掉一百块钱的难过劲儿哪个大？一般来说，是丢钱的影响更大。

鲍梅斯特等人也讨论了负面偏好形成的原因。

人类在漫长的进化史里，生活一直艰难。赵昱鲲总结说：“坏事对我们的生存和繁衍的影响更大。如果我们没注意到一件好事，比如没看见村东口结了一树好果子，那当然很遗憾，但也许还能到村西边填饱肚子。可如果你没注意到一件坏事，比如没看见村东口草丛里埋伏着一头饿虎，那你恐怕就没机会再去村西边碰运气了。”

可见，负面偏好一直保护着我们，有效地帮助我们生存和繁衍。但到了信息时代，这种偏好不再那么有用。为什么这么说呢？我们的祖先住在一个部落，每天遇到的人和事都极有限。而我们现在呢，早上起来，摊开报纸，打开电视，或是浏览一下手机，都会发现无数的坏事。

公司里有个姓王的年轻人，结婚了之后一直没有生孩子。

“小王，你怎么不要个孩子？”

“孩子？”他瞪大眼睛，头摇得像拨浪鼓，“坚决不考虑。”

“为什么呀？”

“你想啊，咱们吃的是地沟油，吸的是二噁英，喝的是农药水，拿着低工资，应付着高物价。唉，就不让下一代遭罪了。”

好吧，他说的也非全无依据。现在有些媒体报道为博人眼球，把一些负面信息过度渲染，让我们头脑里的“原始人”误以为，这就是咱们村里的事情，于是内心惶惶不安。

其实，我们身边的世界远没有如此危险，曾经让我们躲避危险的利器——负面偏好，现在让我们焦虑不安。

那么，我们怎样才能减少这种负面作用呢？

三、训练大脑，看到更多希望

威廉·詹姆斯说："我所体验到的就是我想注意的事物。"

在日常生活中，信息铺天盖地，争夺着我们的注意力，让我们穷于应付。所以，为了应付这些超负荷信息，我们的大脑有一个过滤器，就像电子邮件的垃圾邮件拦截器一样，删除有害且不重要的信息，只让最相关的信息进来。

心理学上有个著名的实验，研究人员让志愿者观看一组篮球队员传球的录像。一队穿着白衬衫，一队穿着黑衬衫，他们互相传球。志愿者必须数出白衣队员传球的数量。大约过了二十五秒钟，有一个扮成大猩猩模样的人径直从屏幕的右边走到左边，持续时间为五秒钟，而此期间篮球队员一直在传球。之后，研究人员要求观察者写下他们计数的传球数目，并回答一个问题："你注意到屏幕上有什么不寻常的事物了吗？录像中除了6名球员，你是否还看到了其他人？你注意到那只巨大的猩猩了吗？"

不可思议的是，在心理学家对两百多人进行的实验中，几乎一半人完全没有看到大猩猩，那只逗留了五秒钟的大猩猩。

原来，他们在专心地数传球次数，神经过滤器就把大猩猩的图像扔进了垃圾邮件文件夹里。该实验展示了心理学家们称之为"无意视盲"的现象。如果我们不注意，就算近在眼前，我们也看不到它。这一结论也意味着，我们会错过大量被认为"显而易见"的东西。

如果我们的大脑拦截器删掉积极面，那我们就只好与积极快乐无缘了。

所以，我们要训练大脑，让那些对我们未来有益的信息进来，比如那些让我们更有适应力、更有创造力、更有动力的信息，我们要积极吸收，从而使我们心情愉悦，学业进步，人际关系和谐，并发现更多发展机会。

那么，如何锻炼呢？一个最简单，也最好的方式，就是记录每天在你的学习中、生活中发生的好事情。这听起来似乎有些做作，或者有些可笑。但是十几年的实证研究证明，这种方式会对我们大脑产生深远的影响，让我们看到生活中的积极面。

四、心灵体操：每天三件好事

在以后每天晚上临睡前，都请你花十分钟写下今天的三件好事，以及它们发生的原因。这三件事不一定要惊天动地(“今天下午打球真开心”“我网购的新书到了”)，也可以是很重要的（“我考试得了前三名”“她今天对我微笑了”)。

在每件好事的下面，都请写清楚“它为什么会发生”。

今天的好事	它为什么会发生
今天下午打球真开心	我球技好，人缘也好。
我考试得了前三名	那还用说，咱聪明又用功呗。
她今天对我嫣然一笑	我的优秀终于吸引到她了！

写下生活中好事的原因在一开始也许会让你觉得有点儿别扭，但请你一定要坚持一个星期，它就会逐渐变得容易了。一般来说，一个月后，你会更少抑郁、更幸福，并会喜欢上这个练习。

五、乐观的解释风格，让我们抗逆生长

史铁生在《昼信耶稣夜信佛》这篇文章中写道：“佛看这人间不过是生命恒途中极其短暂的一瞬，就好比大宴上的一碟小菜，大赛前的一次热身，甚或只是大道上的一处泥淖。佛的目光在无始与无终之间，对于这颗球体上千百年来的蝇营狗苟，对于这一片灯红酒绿的是非地、形同苦役的名利场，说到底，佛一概看不上！……佛所以是最好的心理医生，因为他从根本上否定了人的市场价值，坚定了生命的恒久价值。”

当我们上升到佛的境界，就像站在宇宙的高度看人世，那么高低、成败，都并无区别了，那真是范仲淹所谓“宠辱皆忘”，陶渊明所谓“忘怀得失”啊。

可是，为什么这样的安慰，对于我们而言并无多大效果呢？考试的失败，朋友的反目，境遇的不顺，闭上眼睛，或许能暂时逃避，有时就算知道“三件好事”，心里还觉得温暖。可那些坏事还是横亘在我们面前，岿

然不动，难以摇撼。

虽然大部分人在面临一个又一个挫折后确实感到沮丧和无助，但总有少数人似乎是免疫的，无论他们面临什么困难，总是能够东山再起。塞利格曼发现他们都用一种积极的方式来解释事件——乐观的“解释风格”。

所谓解释风格，即我们如何解释过去事件的性质，它对我们的快乐和未来成功有着重要影响。

解释风格有三个重要维度：永久性、普遍性、个人化。

（一）永久性：偶尔 VS 总是

好事发生（这次考试成绩不错）	乐观	我成绩进步，是因为我聪明、努力，做好了足够的准备，下次考试我还能考好。
	悲观	我成绩进步，是因为我努力，恰好题目又都是我会的。下回考试，可就很难说了。
坏事发生（考试考砸了）	乐观	今天考试我发挥不好，相关的知识没掌握好。
	悲观	我真笨，永远也考不好，读书根本没什么希望。

（二）普遍性：特殊 VS 一般

好事发生（语文考试成绩不错）	乐观	我很聪明，学习对我来说不是难事。
	悲观	我对语文很在行，其他科目则未必。
坏事发生（数学考砸了）	乐观	数学考试没考好，掌握得不扎实。
	悲观	我什么科目都学不好。

（三）个人化：内部归因 VS 外部归因

好事发生:（语文考试成绩不错）	乐观	我聪明，也努力了，所以考得好。
	悲观	这份试卷很容易，所以我考得好。
坏事发生:（数学考砸了）	乐观	这份试卷太难了，超过要求了。
	悲观	我真笨，怎么也学不好。

总之，有乐观解释风格的人把逆境解释为特定的和暂时的（还不是那么糟，事情会变得更好）。而有悲观解释风格的人把这些事情看作是普通

的和永久的（真是太糟糕了，永远也改变不了）。他们的信念直接影响着他们的行为。相信后者的人陷入无望，相信前者的人在激励下表现得更好。

所以，我们要积极地改进自己的解释风格。

当然，在内外部归因方面，总是做外部归因，虽然会比较乐观，但久而久之，容易养成遇事推诿的坏习惯。所以，人不能全然乐观，偶尔的悲观，能让我们更显踏实，因为我们最终的目标，是做到抗逆生长。

一般来说，在挫折面前，摆在我们面前的有三条心灵成长之路：

第一条，原地打转。挫折没有产生任何变化，心灵遇到天花板，就不再成长，苟安压倒进取。世间之人大多如此。

第二条，裹足不前。挫折之后，害怕挑战，人生格局日渐萎缩，塞利格曼称之为“习得性无助”。

第三条，抗逆生长。经历挫折，心智更为成熟，实力更为强大，宛如蛰龙破壁，乘云腾空。

其实，能否抗逆生长，有赖于我们能否对事件进行积极重读，若能做到乐观接纳，找到不足，积极弥补，发现机会，就能向阳生长。这样的人，利用了逆境，发现了前进之路，并且使内心更为强大，更为沉稳。

好了，信就写到这里，你可别忘了，一定要练习“三件好事法”。最后，我们来分享一句话：“从牢房的铁窗看出去，有人看到黑暗的土地，有人看到了璀璨的繁星。”谈谈看，你对此有何感想。

祝福你。

深爱你的

倪甫清

2月23日

杨略读完了信，开始练习“三件好事”，生活里渐渐透入了几丝阳光。他的心绪逐渐平静了些。一想到葛怡，当然也很痛苦，可还是减轻了些。毕竟，支撑着他的生活的，还有其他柱子。比如，今天看了爸爸的信，获得了极大的启发；昨晚也睡得还不错；另外，他还写了几句动人的诗。这些都让他感觉美好。说到诗，他最近给葛怡写了几首好诗。其中一首是这样的：

坐在喧闹的教室里给你写诗
我想试验一下，让思念放慢流速
能不能让周围缓缓变得宁静
变成凝结的音符，轻盈如云

啊，可云雾又阻隔了我的心声
冰山千仞，我讷讷地露出表层

他默默地反复修改，反复吟诵，被自己的纯情所感动，到后来，他居然享受这种凄凉、纯净的情意了。哀愁出诗人，这话倒也不假。他甚至觉得，经过这一事，他成熟了不少。比如，他又写了这样的句子：“谁说冬日总是凝敛着愁雾惨云，谁说晚照只应属于苍凉的箫笙。即便垂柳剥落一年辛勤的积蓄，树枝间犹自流动着凉滑的幽芬。”在结尾处，他似乎提炼了一点人生哲理：

生命若有创伤必有温馨的回偿，
泪水与笑颜方铸就完整的人生。

写这首诗的时候，他模仿的是普希金，工工整整写了十四行，虽说有点做作，但心里挺得意。他的心情在诗歌的熏陶下，渐渐恢复了。所以，日子尽管有些压抑，但毕竟一天一天过着。再大的伤痛，随着时间流逝，他也慢慢习惯了，接受了。

葛怡对他也会说说话，但态度还是冷淡的。兴许，是自己的成绩下降，让葛怡觉得失望吧。兴许，是自己脸上冒出了青春痘，让葛怡觉得不快吧。

说起来也无奈，最近他心情抑郁，睡眠不佳，原本光洁的额头、脸颊、下巴，很是冒出一些红包包，此起彼伏，总不断绝。即便好了，也留下深色的疤痕。这让他很是沮丧。有时和同学对话，当他意识到别人在盯着他的额头时，就极不自然，心里也会压抑一阵。

不过，人家从铁牢里能看到星空，而自己呢，该看到什么？应该是看到大学吧。大学意味着什么呢？曾泉的答案最有代表性："大学啊就是身后没皮鞭，心里没负担。上课是想听就听，不想听就拉倒。旅游是说去就去，恋爱是想爱谁就爱谁。真是春有百花秋有月，夏有凉风冬有雪。真是春风得意马蹄疾，一日看尽长安花。"

虽说镶嵌了这么多诗句，说得不伦不类，虽说大学还意味着就业，但高三生连近忧都没解决，就无心顾及远虑了。熬吧，熬过去就好了，彼岸是幸福的天堂啊。

大家伙都这样默默地想着。

当然，有一个人是除外的，那就是祁月。

第三章

人在年轻时必须有所追求，有所执着，对人生投入极大的热情，将自己的潜能发挥到极致，才能活得精彩。不经世事而力求超脱，只能是一步登天的妄想。当一个人在做自己喜欢的事情时，专注、热忱，他能感觉到真实的自我，更充分地实现潜能，成为更完善的人。这样的人，不会为求功名不择手段，不会贪图享受，他们才是实现社会可持续发展的中坚力量。

有句话说，你可以像猪一样懒，但没办法像猪一样懒得心安理得。可祁月似乎能做到这一点。她原先只是容光焕发，对学业不太专注，几周之后，情况越发坏了。她开始迟到早退，作业能拖就拖，实在拖不下去了，就一抄了事。考试成绩自然不佳，但她似乎也不在意，照样喜笑颜开。此外，向来不修边幅的她，最近越来越注意仪表，穿戴也时尚光鲜了许多。有一天她走进教室，脸上的痘印也不见了，仔细一看，原来是涂了粉，但技术不太高明，粉涂多了，脸就显得惨白惨白的。

杨略就坐在祁月的身后，自然发现了异样，趁着祁月中午不在，就召集了几个哥们儿。他特意也叫上了葛怡。毕竟，关注共同的朋友，的确是接近葛怡的最佳机会啊。

“我说各位，大家发现了没有，祁月最近很不对劲啊。”

“是有点反常。”葛怡把上课时祁月的种种表现说了一遍。这次，她出于关心，似乎把自己与杨略间的芥蒂忘记了。

曾泉咧着大嘴，坐在那儿，腿是一抖一抖的。

“担心个头啊！这叫十八少女芳心动嘛……嘿嘿……”

“就她？哈哈……”陶坷坷一屁股坐在杨略的桌子上，双手插兜，摇摇头，一脸的戏谑。话是没往下说，但大伙儿分明都听见了：“嘿嘿，就她那体型，那满脸的痘印……哪个小子这么不开眼啊。”

葛怡抬起手，作势要打他：“坷坷，你就积点口德吧。”

陶坷坷一脸的无辜和惶恐。

“我，我什么都没说啊。”

“你是没说，心里可全说了。”

“哟，葛大小姐会读心术，”陶坷坷捂着胸口，眼睛睁得老大，“那，那我说什么了？”

“你说……说……反正是狗嘴吐不出象牙。”

陶坷坷憋不住了，脸上绽放出调皮的光芒来。

“哈哈，这说明啊，你也是这么想的，对不对？”

葛怡脸上露出尴尬的表情。祁月是她同桌，也是好友，本不该这样损她。

杨略给她打圆场了。

“别闹了。你们都上过那个心理保健课吧，这祁月性情大变，可不是好兆头。”

曾泉大摇其头。

“你啊，真是杞人忧天！好像人家祁月就该整天哭丧着脸似的。”

陶坷坷也说：“就是，这狗尾巴花也有个春天啊。”

葛怡又在责怪陶坷坷口不择言了。

正在这时，祁月蹦跳着回来，辫子一甩一甩，嘴里叼了根棒棒糖，虽说体型略显臃肿，但依然是一副青春少女的活泼模样。走到他们面前，欢快地问道：“你们在说什么呢？”

“在说你呢！”曾泉到底嘴快。

“哦，说我什么坏话？”

“哪敢啊……”

“嗯？是敢怒不敢言？”

“不不不，就说你春光灿烂，朝气蓬勃，这是有喜事啊……”

一记八卦掌就脆生生地劈在曾泉的肩膀上。

“你才有喜事呢！”

曾泉轻轻给自己掌了嘴。

“嘿，瞧我这张嘴，话都说不利索。我是说，你这是有欢喜事啊。”

祁月顿时笑逐颜开。

“那当然！”

陶坷坷也来了兴致。

“跟我们说说看，是哪家的帅哥啊？我们帮你把把关。”心里却在想：是哪位兄台品位这么独特，倒要见识见识。

祁月一脸的不屑，用手指点了点几个男生，摇了摇头。

“你们啊，唉，too young too simple，整天想着那点事。”

“好，您不 young 也不 simple，那您的喜事是……”

“真想知道？”

众人都在点头。

祁月一脸神秘，眼睛定定地一个一个看过去，然后缓缓地吐字。

“你们看到的我，真的还是我吗？”

这话一说，众人面面相觑。

过了半晌，曾泉说：“你，整容了？”大家都暗笑：哪个整容医生技术那么差，估计得关门歇业了。

祁月摇头。

陶坷坷忽然一拍桌子，作恍然大悟状，指着她。

“你中彩票了！快，快，请客！”

祁月依然摇头。

她的一番故弄玄虚，让杨略心里也有了极大的好奇。

“那你是收到国外大学的录取通知书了？”

他是当玩笑话说的，谁知祁月的脸上骤然绽放出笑容，还打了个响指：“Bingo！”

陶坷坷顿时大受打击。他是立志要去德国留学的。

“我这都没敢申请呢，你悄没声的，怎么就申请成功了？你这是闷声发大财啊！”

葛怡一把抱住她。

“真的吗，祁月？”

可祁月依然摇头，脸上保持着笑意。

“那到底是怎么回事呢？”

“你们看到的我，眼前的我，还是原来的我吗？”

得，又回来了。陶坷坷等人失去了兴趣。此时上课铃响了，就各自回到座位。而祁月依旧喜滋滋地看着天花板和窗户，与周边凝神静气的同学相比，真是飘飘然有超凡绝俗之感。

下午的课结束了，葛怡和祁月去打羽毛球。路上葛怡不免又追问了几句，祁月靠近了她，轻轻地说：“葛怡，其实，你看到的我，并不是我。”

“祁月，你又来了。”

“我的意思是，我，不是现在的我。”

“……”

“你不懂？”

“不懂。”

“那我告诉你实话，可千万不要告诉别人。”

“好。”

祁月在葛怡耳边轻轻地说。

“我……穿越了。我是从6月9号穿越过来的。”

“啊？”

看祁月一脸的认真，葛怡觉得她要么是开玩笑，要么就是脑子真出问题了。

“你知道6月9号意味着什么吗？”祁月一脸神秘地问。

“高考结束了，我们解放了。”

“没错！”祁月的眼睛里露出狂喜的光芒，“你终于理解了。我就是从那时候穿越过来的，顺便，我还带来了高考答案，全部哦！”

“你怎么带来的？”

“全在脑子里。”

葛怡愣了半晌，不知该怎么接茬。

“难怪你都不听课了。”

“那当然！有了高考答案，谁还去听课啊。葛怡，这事我告诉了你，可别说出去。咱俩关系好，到时候我会把答案透露给你的，咱们一起考上名校，哈哈——”

葛怡心里莫名地害怕起来，一时拿不准祁月说的是假话，或者是疯话。她希望祁月忽然扑哧一乐，就像愚人节常玩的那套把戏一样。可祁月一直在畅想，而且眼神无比愉悦和真挚。

葛怡忽然想到了一个破绽，可以试试祁月说的话到底属于哪一类。

“祁月，如果你是三个月后的你，那现在的你藏哪里去了呢？”

祁月猝然一惊，微笑凝在脸上，眼睛瞪得老大，思考了很久，脸上渐渐退去了血色，变得苍白可怕，嘴里不自然地抖动。

“对啊，现在的我呢，到哪里去了？肯定在家里。不对，我早上刚从那儿来，根本没看到。在学校？还是在街上？她，她，不，是我，我到哪里去了？”

她看上去很不安，一会儿捂着脑袋，一会儿又前后徘徊，眼睛四处乱瞧，栖栖惶惶的无所适从，嘴里絮絮叨叨说个不停，声音越来越轻，最后一转身，往体育馆的方向走了。脚步很急，很飘。葛怡看她不对劲，赶紧跟上去，一把拽住她。

“祁月，我是逗你玩呢，你不就是你吗？”

“不，你不懂穿越的原则，要是现在的我丢了，出事了，那以后的我都会消失。我……你别拉我……我要去把我找出来。”

葛怡快要哭了。

“祁月，你别吓我！你，你别玩了！”

可祁月对她不理不睬，用力挣脱了她的手，径直朝前走去，一路往树丛里张张，向角落里望望，连垃圾箱的盖子也掀开看看，嘴里不住嘀咕：“不在这里……不在……我，我去哪儿了？……”

葛怡一时六神无主，心里又极害怕。因为在这一刻，祁月就像一个失去控制的怪物一样，显得无比陌生而恐怖。她没有办法，就想要找个人来帮忙。可她刚才是在打羽毛球，所以连手机都没带。她只好跑到一旁的小卖部，拿起电话机。可是打给谁呢？照理说，她该告诉欧阳老师。可她只记得杨略的手机号码。

她犹豫了一下，终于还是拨了过去。

杨略在篮球场上知道了情况，也丝毫不敢怠慢，打电话给欧阳老师，打了报告，就跑到运动场与葛怡会合。

“祁月呢？”

葛怡看到他来，心情安定了些。

“她往体育馆那边去了。”

于是，两个人一路小跑，体育馆里却没有人。体育馆旁边就是教学楼，杨略眼尖，透过他们教室的窗口，看到有人爬上椅子，去够那个黑板上方的挂钟。而看衣服的颜色，应该是祁月。他们气喘吁吁地跑上楼梯，教室的门却被锁紧了。透过楼道边的窗户往里看，只见教室里只有祁月一个人，站在椅子上，给挂钟调了时间和日期，又挂回原处，然后从椅子上跳下来。

“祁月，祁月！”葛怡拍着玻璃，大声地喊。

祁月转过脸来，显然是听到了，却并不理会，闭上了眼睛，嘴里在默念着什么，忽然睁开眼睛，小跑了几步，一头撞在了墙上。

葛怡尖叫了一声。

祁月摸摸额头，似乎晕了一会儿，往四周看了一圈，发现葛怡和杨略还在窗外，脸上就露出绝望的表情，并且惊慌地哭起来。过了一会儿，她似乎定了定神，看看挂钟，又闭上眼睛，嘴里絮絮叨叨，念着什么咒语，然后，看她的样子，又要去撞墙了。

葛怡和杨略一起大喊："祁月，不要啊！"

正在这时，欧阳老师到了，身后还有几个保安。他用钥匙打开了门，冲进去，一把将祁月拦腰抱住。

"放开我！放开我！"

祁月像一头困兽一样，拼命挣扎，双臂乱挥乱打，脸上糊满了眼泪，声嘶力竭地叫道："我要回到一个月前去，要不然，我就找不到我了！"

欧阳老师和几个保安压根就听不懂，几个人一起动手，又是抓胳膊，又是抬腿，将奋力挣扎的祁月架到办公室里去，按在了椅子上。祁月还在不停地喊叫："求求你们，让我回到一个月前去。"

欧阳老师累得气喘吁吁，回头问杨略和葛怡："她这是怎么了？"

葛怡把事情经过说了一遍。

欧阳老师还是一头雾水，但基本确定了情况，就拿起手机，给医院打了电话。从他急促的话语中，杨略和葛怡听到"妄想""没有自知力"之类的词语，心里越发着急。因为他们上过心理健康课，知道这是精神疾病的表现。

祁月终于累了，瘫倒在椅子上，嘴里有气无力地念叨着。

不多时，就来了一辆救护车。祁月不愿去，但几个身强力壮的男护士架起她，从办公室出来。祁月大声喊救命，一路挣扎，死命地蹬腿。全校的师生都站在走廊上看，但她终于在寒风中被塞进了救护车。

随后，从欧阳老师的嘴里，大家得知了一个消息，祁月被怀疑是精神分裂。

"每年两个。还有一个是谁呢？"

一条小道消息在各年级悄悄蔓延，大家都在起劲地议论。据说，近几年里，学校每年里都会冒出两个不正常的学生，要么是精神异常，要么是自杀的，其中又以高三学生为主。你瞧，今年才一开春，祁月就占了个名额。

但精神分裂毕竟不是传染病，所以大家觉得与己无关，并不恐慌，反倒有种猎奇的刺激感，个个脸上浮现出兴奋的神色。

只有杨略和葛怡等人觉得忧伤难言。他们与祁月朝夕相处，虽说祁月一直抑郁寡言，但到底是个乖巧的女孩，做起手工艺品来十分拿手，十字绣的手机套啊，针织的茶杯垫啊，剪纸啊，都极精致，做好了常常送给大家。只可惜她成绩不拔尖，连特长都被某些人看作“邪门歪道”，自不免倍感压力，前途无望，心里淤积着太多阴郁的毒素。

葛怡说：“其实，我们有谁敢说，自己的心理绝对健康呢？”

杨略也叹了口气，点了点头，静静地注视着葛怡。葛怡也发觉了，与他静静地四目相对，然后又静静地转过脸去。

第二天，欧阳老师开了个班会，脸色沉重地说起了祁月的事情。

“昨天，祁月去了医院，吃了点药，神志清楚了。还好，她的情况不严重，过几天，就能出院了。不过，作为老师，我没有好好保护她，真的感觉很难过，很歉疚。”

他说，祁月是个农村孩子，家境贫寒。但她很争气，从小学到初中，在当地成绩极好，一直是学校的状元，得到了老师的青睐和同学的羡慕（或许还伴随着疏远），这令她深感自豪。逐渐地，成绩也是她唯一的精神支柱。她成了真正的精神贵族。家里穷一点怕什么？我有成绩！相貌一般怕什么？我有成绩！没什么朋友怕什么？我有成绩！

她凭借着这种精神优势，一直升到了高中，满怀憧憬地来到全省数一数二的学校。忽然，她发现自己的优势不见了。在成绩方面，她只能排到一百来名。在文体方面，她啥也不会。而身边同学个个优秀，有人满口流利的英语，而她的英语还带着地方口音。有人对历史掌故如数家珍，而她只记得历史书上的那一点。还有人钢琴舞蹈都很在行，而她从未摸过琴键，穿过舞鞋。好吧，她会做手工艺品，可是，这个与高考可没有什么关系啊。

于是她一下子就懵了，优越感荡然无存，精神支柱摇摇欲坠，陷入了抑郁沮丧之中。

或许她为自己的出身深感自卑，觉得如果自己生在城里，父母都是儒雅的知识分子，她必然也是琴棋书画样样都会，外语更是说得流利。或许她深夜里默默哭泣，因为看不到前途。

她的处境非常困难。因为自卑、抑郁，很难和现在的同学交心。而她以往的同学，又因为她升入名校，难免会羡慕。如果她还去倾诉，说自己心情不好，就好像嫁入豪门而向穷姐妹抱怨鲍鱼龙虾太腻味一样，难免遭到饱含嫉妒的讽刺。

于是她陷入寂寞，只能抱着课本，不住地学习、做题，学习、做题。可是，在压抑的情绪中，学习是件艰难的事情。她找不到乐趣，只凭借着意志力，像攻克堡垒一样，孤独地向各门学科发出冲击，但她的成绩并没有进步，这又加重了她的抑郁。

这些负面情绪在心里压抑得久了，慢慢熬成了一锅毒汁，无处释放，就一点点腐蚀着她的心灵。终于有一天，刺激性事件发生了，像催化剂一样，让她产生了幻想。这个刺激，或许就是期末考试的成绩。

“大家还记得前段时间教室里的怪事吧，现在都有答案了。祁月幻想自己能穿越，也不知道她是从哪部电影中得到了灵感，似乎只要挂钟调到6月9号，然后借助电火花，或用头撞墙，就可以穿越。有一回，插座短路。又有一回，她伤了鼻子，墙上的血迹就是这么来的。后来，她认为自己成功穿越了。”

大伙听了，这才恍然大悟，又觉得这实在是荒诞至极。

“唉，祁月是个多么可怜的孩子啊。”欧阳老师感叹了一声，“我们给她的关爱太少了。”

同学们也都觉得惭愧，尤其是曾出语讽刺过祁月的那些人。陶坷坷、曾泉也都在其列。

中午时分，杨略打电话回家，和爸爸说起了祁月的事情，让爸爸也很是感慨了一番。于是，过了两天，他就收到了爸爸的来信，对祁月的事情做了一番探讨。

第三课　打造不可替代的优势

略略：

见字如面。

我听你说了祁月的事情，心里很难受。但说实话，高中生都是心理问题程度不等的祁月。如果我们能够及时减少负面情绪，增加积极情绪，那情况会好很多。

我从你的描述中，发现祁月核心的心理问题，就是自卑。

这让我想到了一些往事。刚刚大学毕业时，我偶尔与一位富二代吃饭。他与我同龄，但出身却有天壤之别。他父亲下海很早，经营着几家大公司。他高中一毕业就做了父亲的帮手，也很能干，挣钱如江河滔滔，花钱若滔滔江河，不免意气风发，加上生得眉目清秀，在饭桌上觥筹交错，真是少年得志，谈笑自如。而我恰好坐在他旁边，穿一身暗灰的衬衣，自惭形秽，肢体僵硬，如坐针毡。

直到饭桌有一位长者问我："小杨，你是哪所大学毕业呢？"

我如逢大赦，说出了校名，顿时赢得众人目光的赞许，心里顿时舒坦多了，毕竟那个时代大学生还是稀罕物。我下意识地瞧了富二代一眼，脑子里闪现出那本名牌大学的毕业证，而这是他所没有的。

很可笑，对不对，原本是吃饭、交流，而我满脑子想着毕业证，用它支撑我可怜的自尊。

你有过这样的体验吗？试想有一天，饭桌上端坐一位高考状元，接受大家的崇拜，你会不会也觉得自己的身子在缩小，缩得很小，恨不能做个隐身人呢？或者，你也和我一样，找到自己的优势，作为挡箭牌，抵抗各种无形的压力呢？

如果没有，你将陷入一种情绪体验，那就是"自卑"。别人的耀眼光芒，就像一张结实的网，死死地缠着我们的心脏。心脏是柔而无骨的，就被那张网挤迫得越来越小，让我们艰于呼吸视听。

这么糟糕的情绪体验，为什么在长期的人类进化史中没有被淘汰呢？

如果存在即合理，那它的合理性又在哪里？

一、自卑感的两面性

其实，自卑感与我们如影随形。试想人刚出生之时，柔弱无助，面对陌生世界，唯有哭啼索抱，须在父母羽翼庇佑之下，才可存活成长。等我们稍微懂事一些，更是对大人无比崇拜：那么重的东西，大人一下子就提起来了；那么宽的沟，大人一下子就跨过去了；那么厚的书，大人居然也能看得懂。因此，与大人一比较，自卑感就成了小孩的常态。也正因如此，当我们第一次独立旅行，第一次挣钱，以至第一次买车、买房，心里都会无比喜悦，因为这在以前是只有“大人”才可以做的，而我现在居然也可以。这种对世界的掌控感，让我们油然而生自豪之情，原先的自卑感逐渐被摆脱。

但世界那么大，总有人比我们成绩好，比我们漂亮，比我们能歌善舞，让我们相形见绌，内心失去平衡。为了维持平衡，我们就要采取行动。阿德勒在心理学名著《超越自卑》一书中说：“自卑感是人格发展的动力，自卑会造成紧张，心里感觉不适，督促我们行动以摆脱这种处境。每个人都会做出这种努力。”

于是，当我们感到自卑，甚至觉得嫉妒，先不要着急。因为这意味着，我们对自己的处境还不够满意，我们有更好的需求。而让我们自卑的、嫉妒的，恰好就是我们想要的。

因为感到自卑，所以我们知耻后勇，努力学习，逐渐变成成绩优良的学生。因为感到自卑，我们的国家励精图治，发展经济，整顿政治，力促文化，渐渐成为实力雄厚的大国。因为感到自卑，我们人类发明各类工具，所以有了科学的兴起与发展。

于是，阿德勒感叹道：“自卑本身是正常的心理状态，从某种意义上说，它正是人类向前推进的动力。从个体心理学看来，甚至可以这样说，自卑是人类全部文化的根基。”

略略，你看到这里，肯定会大大疑惑了。我怎么给自卑唱起赞歌了？而你分明看到，自卑已压垮了不少人呢。原因其实很简单，不是自卑本身有问题，而是他们摆脱自卑的方式有问题。

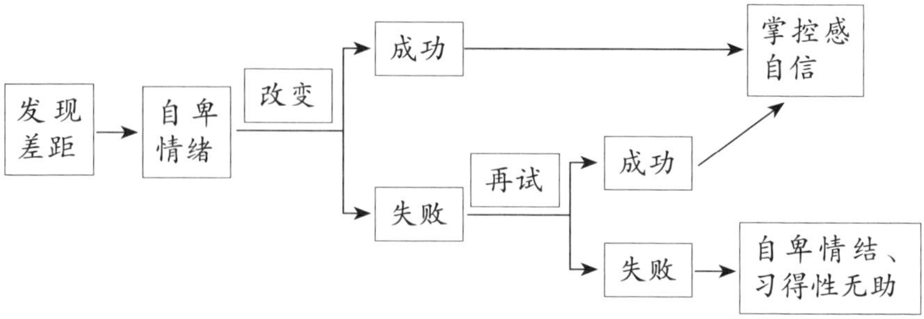

从图中可见，我们平常所说的“自卑”，其实并非简单的自卑情绪，而是一种“自卑情结”。当一个人的自卑感愈积愈多，而造成自卑感的情境仍然一成未变，问题也依旧存在时，他会觉得无能为力，以自轻自贱来自我麻痹，这便是自卑情结，有学者也称之为“习得性无助”。

1967年，美国心理学家塞利格曼用狗做了一项经典实验，起初把狗关在笼子里，只要蜂音器一响，就给以难受的电击，狗关在笼子里逃避不了电击，多次实验后，蜂音器一响，在给电击前，先把笼门打开，此时狗不但不逃，甚至是不等电击出现就先倒在地上开始呻吟和颤抖，本来可以主动地逃避却绝望地等待痛苦的来临，这就是习得性无助。

大象能用鼻子轻松地把一吨重的行李抬起来。但我们在看马戏表演时却发现，这么巨大的动物，却安静地被拴在一根小木桩上。

因为它们自幼时开始，就被沉重的铁链拴在无法动的铁桩上，当时不管用多大力气去挣，这铁桩对幼象而言，是实在太重的东西，当然动也动不了。不久，幼象长大了，气力也增加了，但只要身边有桩，它总是不敢妄动。

写到这里，我想到了祁月，她因为成绩不好而深感自卑，于是不断增加学习的时间，努力改进自己的处境，但缺乏正确的学习方法，结果南辕北辙，成绩始终没有起色，还变得自我怀疑，喜欢独居一隅，变得孤僻，不愿与人交往；如果她因为失败而气馁，进而破罐子破摔，放弃任何改变的努力，就陷入“习得性无助”，被浓稠的负面情绪所掩盖。这种体验，甚至会影响一生。如果青少年时期就充满挫败感，长大以后，也会认为自己这样不行，那样不行，于是畏首畏尾，缺乏自信，碌碌无为。现在许多人以“屌丝”自居，本就自轻自贱，甚至纠集一个群体以相互取暖，共同堕落，不也是出于这种心态吗？

二、自卑情结的主要表现

为了看清自己或别人是否陷入自卑情结的泥沼，我们必须了解自卑情结的主要表现。

自卑情结主要表现在对自己的能力、品质评价过低，同时可伴有一些特殊的情绪体现，诸如害羞、不安、内疚、忧郁、失望等。而详细的表现在以下三个方面：

1. 敏感

过分敏感，自尊心强。弱势群体非常希望得到别人的重视，唯恐被人忽略，过分看重别人对自己的评价，任何负面的评价都会导致内心激烈的冲突，甚至扭曲别人的评价。比如，别人真诚地夸他，他会认为是挖苦。他们非常敏感，跟他们交往时，必须谨小慎微，别人不经意的一句话，都会在其内心引起波澜，胡乱猜疑。

2. 失衡

由于种种原因造成的弱势地位，使他们在社会的方方面面都体验不到自身价值，甚至还会遭到强势群体的厌弃。自我价值感是一个人安身立命的根本，丧失自我价值体验，使他们心态失衡，陷入恶性的心理体验之中，走不出这个心理的阴影，就很难摆脱现实的困境。别人欺负他，即使内心不服气，也会自认为是正常的，非常认同自己的弱势身份。这种强烈的自卑情结极易导致极端行为。

3. 情绪化

他们表面上好像逆来顺受，然而过分压抑恰恰积聚了随时爆发的能量。由于他们缺少应对能力，成绩下降、失恋、患病等生活事件也很容易导致心理压力。当受到不公正的待遇时，会认为别人瞧不起自己，难以忍受，往往产生过激言行。比如，有些学生经常为了一点小事大动干戈，拳脚相向。有时当他们无力应对危机时，还会自残，用这种极端的方式表达自己的情绪。

而在厌学学生群体中，有很大部分是陷入了习得性无助感的状态。因为反复经历学业上的失败，自我评价很低，由此开始厌倦学习，认为自己在学习上不会有所建树。针对这一群体，我们一定要让他们知道自卑情结的成因，并寻找到合适的方法，使其产生自我掌控感，逐渐恢复自信。

三、自卑情结的成因

每天，我们都在说“我”如何如何。其实“我”有分身术，包括了“自己眼中的我”，称为“自我”；“别人眼中的我”，称为“他我”；“事实中的我”，即“本我”。这三个我，各行其是，完全重合的时候，我们感觉到快乐；它们互相偏离时，我们就感到自卑，或者自负。

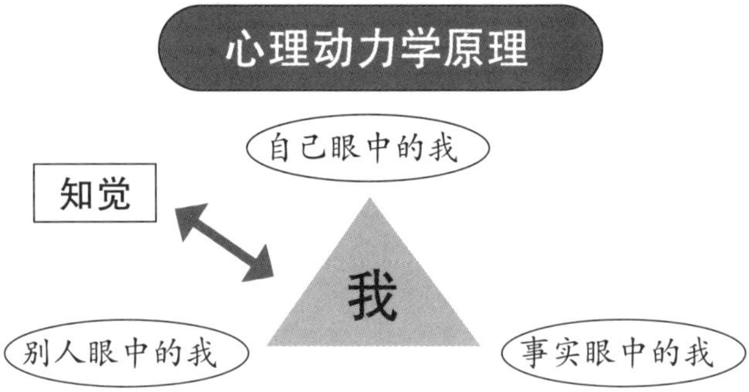

比如我给你来一次专访。

“杨略同学，你认为自己是个怎样的人。”

“我，品学兼优，相貌英俊，文武全才。”

你还在滔滔不绝，我抢过话筒，递给你的同学和老师。

“请问在你们心目中，杨略是个什么样的人？”

于是种种评价层出不穷。

“杨略啊，也太完美了。”

“他啊，人才一个，长得帅，学习好，篮球打得也好。”

……

然后，我把你的相貌、成绩、各种表现放进资料库里，与同龄人进行对比，结果发现，你的综合得分的确排在前列。

这个时候，你的“自我”“他我”与“本我”完全重合，你自然会感到满足、自信、快乐。

相反，如果你自认为“高富帅”，而别人却认为你其实相貌平平，打球技术也就是矮子里挑高个，根本不算什么。而事实证明，别人说的是实情。这时，你就是个自负的人。

当然，如果你自认为是“矮穷矬”，别人却认为你相当优秀，事实你也的确有过人之处，那你的“自我”和“他我”“真我”之间，自我得分太低，说明你陷入了自卑的情绪之中。

所以，自卑和自负一样，都是对自己缺乏正确的认识。

四、自信的三重境界

自信是我们这个时代首倡的精神。但自信到底是什么呢？

按照基础的不同，我将自信分为三类：依赖型自信、优势型自信、独立型自信。

种　类	特　点
依赖型自信	缺乏自我认识，时而自卑，时而自傲，惶惶不可终日。
优势型自信	知道自身优势，已获相当成就，不卑不亢，积极奋进。
独立型自信	领悟生命真谛，独立天地之间，无所依傍而逍遥自得。

（一）依赖型自信

有些人沉迷于他人的评价。他们的自信像建立在流沙上，一有微风，便摇晃不已。他们缺乏对自己的认识。一些简单的问题：我漂亮吗？我能干吗？都不敢确定。别人的褒扬或批评，成为他们认识自己的依据。于是，正如英国作家阿兰·德波顿所说：“我们的情绪变得难以理喻，一会儿因他人的褒扬而开心，一会儿为他人的漠视而伤怀。同事的一句心不在焉的问候，几次没有应答的电话就可能使我们闷闷不乐；而如果有人记起我们的名字，或送来一只果篮，我们又会觉得生活洒满阳光，人生何等惬意。”

目前社会单一的评价标准，更是让人倍感失落。在学校（尤其中小学）

接受教育时，老师往往以成绩高下评判学生的优劣，尽管他们也重视学生的品行，但总是成绩出色者更易脱颖而出。从学校毕业后，社会又以金钱多寡、地位高低来评判一个人的优劣。人的其他特长、兴趣、品格，似乎都被忽视了。于是，我们很难对自己有个正确的判断，于是，不自信的人越来越多，沮丧的人也越来越多。

（二）优势型自信

顾名思义，优势型自信就是要有所依靠，有特长，有成绩，得到别人的肯定，进而对自己有个良好的评价。比如说，当你毕业十年的时候，参加同学会，发现当年的同桌生意做得很好，开着价值百万的名车，心里肯定是有些失衡的，但随即一想，这些年你写了不少书，也获得了不少肯定，所得成绩，也不逊色于他，于是就有了底气，言谈举止，也大可不必谦卑拘谨。

也正因如此，虽然我并不赞同精英崇拜，因为每个人都应该做自己。但那些精英的成长历程能给予后来者以启迪，他们通过努力，得到事业的成功，活得更为自信，进而变得宽容大气，我们也一样可以做到。而且在我看来，人生在世，只有闯过这一关，精神才有可能获得升华。

（三）独立型自信

庄子认为，宇宙中万物本是一体。如果人达到与万物一体，这时，人的肢体无非是尘埃；生死终始，无非是日夜的继续，不足以干扰人内心的宁静；至于世俗的得失、时运好坏，更不足挂齿。所以他得到了大自在、大逍遥。

儒家更积极一些，修身总与治国相联系。孟子提倡要“养浩然之气”，意思就是说，遵循内心的道德规范，多行义事，慢慢身上就有了浩然大气，而且内心更为自信。“人不知而不愠”，就算别人不懂得我，不欣赏我，我依然心境平和，不气不恼，这就是君子。

如能修到这种境界，自卑之心自然如轻烟一般，旋即就从心里消散了。这样的人生，自然是最称心如意的。

陈寅恪前后出国五次，遍及三洲，在柏林大学、哈佛大学等名校苦读，却从不曾猎取任何学位，完完全全为读书而读书。而且所学课程，只是冷门的史学和语言学，这也颇让时人困惑。因为当时留学生不少，所学专业大抵是工程、法律、教育、医学等，学成之后，可以迅速经世致用，报效国家。读了数十年的书后，等陈寅恪最终学成回国，已是37岁“高龄”，满腹经纶，却一没学位，二没著作，连个老婆也没捞到。

我看了非常佩服。不是因为他的勤奋，因为勤奋源于兴趣，乃是一件乐事，没什么好佩服的。倒是他的自信，让我十分动容。想象一下，他不为学位而读书，深信自己所学，可以用历史照亮未来，必将真的有助于中华崛起。主意一定，便全力去学，不计较身外得失，该是怎样的自信从容。

在我看来，他就是独立型自信的人，洞悉人生真谛，懂得自己的追求，独立于天地之间，迎风自悦，不会盲目地与别人比较，保持心灵的健全和恬静。

分析完了三种自信境界，我要说的是，年轻人不可能迅速获得独立型自信，若能通过努力，获得一定的成功，得到优势型自信，获得生存的尊严，已经难能可贵。况且，一个社会的进步，也需要年轻人的积极上进。若社会中全是无忧无虑之人，那各种发明也无从谈起了。

我一向认为，人在年轻时，必须是有所追求，有所执着，对人生投入极大的热情，将自己的潜能发挥到极致，才能活得精彩，而获得深层次自信的概率也大大增加。不经世事而力求超脱，只能是一步登天的妄想。所以追求成功无可厚非，如何才能成功，就需要发现自己的优势，并将之发挥到极致，从中获得快乐。

当一个人在做自己喜欢的事情时，专注、热忱，充满力量，他能在此过程中感觉到真实的自我，更充分地实现潜能，成为更完善的人。这样的人，不会为求功名不择手段，不会贪图享受，他们才是实现社会可持续发展的中坚力量。

五、接纳自己的不完美

没有一个人是完美无缺的，就算我们再努力，具备了独特优势，但依然会有许多缺点，来不及弥补。而我们都知道，一辈子发挥优势，肯定能有所成，一辈子查漏补缺，会容易陷入庸碌。所以，要想拥有健康的自尊，关键在于无条件地接纳自己。

自我接纳的实质，就是认识到：自己作为一个人，本身就具有价值，无须通过工作、文凭、成就、外表或者财产来赢取自身的价值。它意味着接纳自己所有的缺点和短处，认为自己天生就有价值，认为自己跟别人一样有价值——跟别的任何人一样，我们都是在试图幸福地生活。

但许多学生认为，只有考出好成绩，成为人上之人，自己才是有价值的。一旦考不好，就无法接受自己是个“凡人”的现实，从而无地自容，甚至有轻生念头。而一个不能真心实意接纳自己的人，无法获得真正的幸福与宁静。

学会自我接纳，并不是说我们不再需要学习。相反，学习新的技能，开创更健康的生活方式，结交新的朋友或者接受新的挑战，可以大大提高生活质量。关键在于，我们不必等到完成这些事情之后再接纳自己。自我接纳不讲条件——不论我们能否得到自己想要的东西，我们都要明白自己是有价值的。

这才是真正的自爱。

六、心灵体操：SWOT 分析法发现自我优势

如何才能找到自己的优势，可以采用 SWOT 分析法来自我检测。

所谓 SWOT 分析，指的是在四个维度进行分析，试着分析自己的优势和劣势，以及一生中可能会有哪些机遇，学习生涯中可能有哪些威胁。然后找出适合于自己的基本策略。

（一）个人 SWOT 分析

面对高考，每个人都会忐忑不安，心中没底。但我要告诉你的是，受教育就是自我发现的过程，而高考就是人生的一次分流，我们将根据自己的优势，走属于自己的专业之路、职业之路。发现自我优势，正视自身不足，能让我们觉得踏实、快乐，充满信心地迎接高考。

优势 Strength （特点、特长） 1.______ 2.______ 3.______ 4.______	劣势 Weakness （缺点、不足） 1.______ 2.______ 3.______ 4.______
机会 Opportunity （竞赛、活动等机遇） 1.______ 2.______ 3.______ 4.______	威胁 Threat （高考、就业、对手） 1.______ 2.______ 3.______ 4.______

（二）课程 SWOT 分析

具体到某一门课程，其实也可以这样分析。略略，你这次英语没考好，有人很是用心，为你的试卷进行了耐心的分析，并把结果发给了我。现在我把这份分析报告转给你。

老同学：

你儿子这次没考好，看上去情绪低落，觉得在英语方面一无是处，我看了心里也着急，就进行了 SWOT 分析，鉴于他对我还有些看法，所以就让你转交一下吧。

优势	1. 语法题 16 题，满分 16 分，杨略失分 4 分。 2. 阅读共 4 类题型（即完形填空、选择题、小标题配对和简答题），满分 50 分，杨略平均 8 分。 3. 写作满分 25 分，杨略扣分 7 分。
劣势	1. 听力共 3 类题型（即短对话、篇章、填空题），满分 30 分，杨略得分 15 分。 2. 词汇十选九，满分 9 分，杨略得分 5 分。 3. 翻译，满分 20 分，杨略得分 12 分。
威胁	1. 英语成绩不佳导致总分下滑，直接影响高考排名。 2. 杨略对英语学习缺乏信心，尤其对英语听力望而生畏。
机会	1. 知道缺点，对症下药，可以有效提高成绩。 2. 距离高考还有不到 100 天，而听力、词汇通过努力能很快提高。

通过对其优势和劣势的总结，不难得出这样的结论，杨略的语法基础较为扎实，读写能力较强，但听力较弱，是制约他成绩的短板。

通过与你的交流，我发现杨略的英语听力一直薄弱，而且长期逃避这一问题，“能不听一定不听，不得不听随便听，必须要听勉强听”，时间一久，听力变得越来越差。其实，在我看来，英语听力薄弱虽是他目前最大的威胁，但同时也可以成为他最大的机会。

综上所述，我发现，杨略在听力上快速突击大幅提高可以变威胁为机会，实现提高 15 分的目标。

老同学

沙元振

略略，看到这个分析报告是谁给你做的，会不会很惊讶？

对了，你在数学方面存在的不足，也可以使用这个方法，找到突破的办法。记住，你的弱点，恰是提高的黄金地带。

祝福你。

深爱你的

倪甫清

3 月 1 日

看到分析报告的署名，杨略内心一震。想不到沙元振居然是爸爸的同学，更想不到，他们虽有矛盾，沙元振居然不计较，还如此关注他的学习，并为他出谋划策。

杨略一时感动莫名，觉得沙元振虽然总板着脸，让人活泼不得，但他是善良的，是负责任的，也是能干的，算得上一位好老师。虽说教育观念偏落后，可是，在目前的考试制度下，缺了他这样的高考能手，学校又如何提高升学率呢。没办法，沙老师也是制度造就的。

在学校里，杨略经常听到同学在嘲讽沙老师。可在学校的校友论坛中，那些已经升入知名大学的学长学姐们，却一致高度评价沙老师。以前杨略以为是阿谀奉承，或者记忆篡改了现实，如今看来，沙老师的确有其过人之处。严师出高徒，大概就是这个意思吧。

他决定，以后要尊重沙老师，不能一味蛮干。或许，他以前自认为正确的举动，曾深深伤害了沙老师。虽然在沙老师木雕般的脸上，看不出来什么，但他的心里，定然是不好受的。

一直以来，他拿到信后，首先就给葛怡、曾泉、陈高照等人看。这次自然也不例外。尤其是葛怡，经过这次与她同舟共济，似乎两人之间的坚冰融化了一些。所以杨略趁热打铁，把信交给了她。葛怡接受了他的好意，静静地读完了信，对杨略说："祁月真该看看这封信。"

"也不知道她怎么样了。"

"唉，"葛怡叹了口气，"离高考只有三个月了，在这节骨眼上……"

过了两天，欧阳老师说，祁月情况还算稳定，就要回来了，一面上课，一面接受心理咨询。

"大家要关爱她，让她有回家的感觉。"

到了下午，祁月果然在父母的护送下回来了，静静地走进教室，坐在她的位子上，又恢复了原来的阴郁模样。可是她惊奇地发现，她的面前，摆着一只金黄的礼品盒，扎着红色的蝴蝶结。

她轻轻地拆开，里面是一叠厚厚的明信片，正面是56个民族的服饰，象征着他们班56位同学，反面则是全班同学的亲笔信。她的手有点颤抖了，一张一张看下去。

葛怡写的是："你是个勤奋、温柔、灵巧的女孩，我以你为荣。"

曾泉写的是："祁月，你做的工艺品真是美翻了，以后做设计吧。"

杨略写的是："每个人都有自己的优势，走自己的路吧，你的世界会很美丽。"

陶坷坷写的是："以你的勤奋劲儿，还有什么事情做不成？以后我估计只有给你打工的份儿了。"

还有的女生写道："祁月，那天我丢了生活费，是你省下钱来，帮我渡过难关，谢谢你。"

欧阳老师也写了一封："环境永远不会十全十美，消极的人受环境控制，积极的人却控制环境。"

原来，在祁月回来之前，班长单昀想出了一个方案，让大家写下祁月的优点，激发她的自信，于是大家花了些时间，做成了这盒情真意切的明信片。

祁月读着读着，就泣不成声了。教室里响起了掌声，大家都站起来，围绕着祁月，不住地鼓掌，一个个都热泪盈眶。

窗外，祁月父母看到这种场景，眼角也湿润了。欧阳老师握住了祁月父亲的手。

"看到了吧，祁月有这样的同学，你们就放心吧。"

第四章

一个人生活得是否快乐，从他们的自动思维中就可以看出。遇事就联想到消极、痛苦、郁闷的人，他的生活无论如何都不可能与幸福沾边，即便他的物质生活条件是优越的。凡事能够联想到积极、进取、愉快的人，即使他的生活水平一般，他的幸福感也会比较高。

惊蛰天，本应该天气转暖，再打打雷，把泥穴树洞里的生灵们唤醒，欢腾腾地四处跳跃。谁料吹了几股北风，寒雨又窸窸窣窣地落了几天。校园里的玉兰花倒是开了，姣生生、白净净，像一盏盏小灯，照亮了暗沉的树枝和天色。水杉的黑色枝干上淡淡地洇出了一抹黄绿，在料峭春寒中透出一点暖意。

虽然在祁月事件中，杨略和葛怡合作了一下。但事情过后，葛怡似乎比以前更冷淡了。这让杨略觉得，一切都索然无趣，学习时常不在状态。

这天下午四时许，到了班级的体育活动时间，杨略感觉到一种从未有过的平静，似乎自己的心成了一口古井，照得见灰色的面容，灰色的天空，但井水却纹丝不动。

他心里害怕：感情夭折了，为什么连痛苦也一并消失，再也难觅踪影了？他忽然觉得可笑，笑声从喉咙里直直地往上涌，许是笑声太密集了，连成一线，撑得头往后仰，先是嘿嘿地笑，然后是哈哈地笑。

笑声越来越沉重，直接就从嘴角漏下，在地上滚来滚去，像无数铅球，碾得地板骨碌碌作响。也不知道笑了多久，他岔了气，又从哈哈缩小为嘿嘿，再缩成呵呵。而笑声却越积越多，充盈了房间，腾地撞开了门，哗啦啦涌到了门外，把他卷到台阶下，摔了个七荤八素。

这样下去，自己会不会也成为祁月？

他摸摸脑袋站起来，一时有些茫然，抬头看看天空，觉得很陌生，似乎先前没有这么高，这么灰，也许是时近傍晚，但摸摸肚子，又分明是饱满的。看看旁边的雪松、紫薇花，以及走过的人，也觉得奇怪，似乎以前一直没有认真看过，也不知道原来它们都是沉默的，像是一场无声电影无限展开。于是一边走，一边观看，嘴巴里还时不时嘿嘿地笑，笑声如小珠子滚在地上，让他不时打个趔趄。

杨略像一件大衣一样，在校园里飘来荡去，脸上挂了愚蠢的笑容。大风刮得清爽浩荡，也将他的脑子刮得有些清醒，心里猛然一紧。

远处，葛怡正在打球。

而他呢，似乎一点力气都没有，双臂下垂，腿木木地抬起、落下，抬起、落下。这样拖了数米，忽然猛一点头，像是给空气中站着的某个人保证什么。

又猛一甩头，似乎是猛力将什么摆脱开去。而后目光如电，脚步迈得十分凶狠，像是困顿已久的猛兽，此刻得了新生。也像一把在风中呼呼作响的钢刀。

他骑上车，漫无目的地往前冲，不知不觉间，他来到了植物园门口。他是不想买票了，就找个角落，握紧锈迹斑斑的铁栏，一跃上了栏顶，然后纵身一跳，稳稳落在杂草里，悄无声息。旁边便是一口池塘，池塘边是小亭，几个老头悠闲地打牌。没有人注意到他。

他在池塘边坐了一会，池塘里有些残荷。忽然想到一个传说，说是人死之后，鬼魂要把生前走过的路重新走一遍，把脚印一枚一枚捡起来。若是生前蹚过河，脚印已被河流冲走，它就在河边无助地哭泣。

他觉得自己就是那个鬼，站在时间的河边，有些记忆却再也捡不起来。他原本想用那些记忆碎片，编织一个梦的帐篷，然后在里面久居的。然而现在这个帐篷四处漏风，况且时常有狂风乍起。往事缓缓流过，眼泪缓缓渗出来，歪歪扭扭地在脸上行进。行进过程中，这条河流吸纳了更多的悲楚，逐渐壮大起来，路经鼻翼、嘴角，又在下巴决堤。等他发现旁边有人经过时，他已经难以控制这场水灾了。

他惶惶然起来，抹了一把眼睛，飞身穿入旁边的紫鹃园，像一只轻盈的松鼠，倏然跳过小叶黄杨做成的方正小围墙，前方高木参天，曲径通幽，显然进了植物分类区。他深知这里风景最妙，游人最少，只有学生才会细心地来认植物，而现在是周四，又是云霏霏而欲雨之时。

果然空无一人。他在一块草地上躺下，尽量舒展开，浑身都埋在草棵间。此刻他心里有些宁静了，耳朵空空的，像两只茶盅，承接着高天的声音。风正在头顶摇撼着树叶，偶尔也透明地覆盖着他的身体，清凉得像躺在水面，却又那么踏实可靠。

他念着这几天写的诗。

此刻我心中充满哀伤——
几天欢愉，又步入白雪茫茫
只有一排脚印，可是你呢

你怎么在雪原中迷失了方向

四周那么空旷，吞噬了我的呼喊
葛怡，你留我独自对抗时间
独自面对季节的瞬息万变
从波动的夏日到坚硬的冬天

世间万物投影脑海，缤纷散乱
唯有心灵的悸动才真实可感
葛怡，如果有闪电划破心空
那一瞬间，生命便展开了花瓣

为此，我热切地盼望你到来
为此，我因你的踌躇而悲哀

他这样躺了不知多少时间，似乎睡着了，又似乎没有睡。只有心在结实地跳动，呼吸在轻轻地继续。他忽然想：他现在起来，走到外面，会不会已悄然流走了数百年。一切熟识的，熟知的，都已雨打风吹去。那自己会觉得开心，还是凄惶？

躺了许久，心情并没有平静，他开始抱怨了。

“为什么？”

他喊出来，声音很尖利，幸好暮色四垂，周围没有人听见。但他还是压低了声音，变成了沉闷的滚雷。

“为什么在这个时候？葛怡，为什么？”

一股怨毒在胸腔内汹涌。

在这样关键的时刻，她抛弃了他，早不来，晚不来，偏偏在离高考还有一百来天的时候，给他来了这么一下。

“你这是要毁了我吗？”

他一跃而起，像提坦从母亲盖亚身上获取了力量，但却是一股黑能量。

他一拳砸在了树干上，粗糙生硬的树皮，让他的拳头隐隐作痛。他感到一丝快慰，继而拳头又拨风一般砸上去。

“啊！”

他仰天怒吼一声，似乎还不满足，就将拳头放在嘴边，牙齿向手背死命地咬了下去。

然后，他带着伤痛，走出植物园，骑车回到学校，在校门口的小饭店胡乱吃了点面条，走进教室，有气无力地往椅子上一躺。

而桌子上却放了一封厚厚的信。

显然，这是爸爸寄来的。

第四课　用智慧批驳导致抑郁的信条

亲爱的杨略：

见字如面。

今天东风拂遍大地，消尽雾霾，吹开百花。我走在小区里，海棠花挂满枝头，被碧蓝的天空一衬，宛如霓裳羽衣，心情顿时欢喜。

我在长椅上坐下，翻看报纸，一则新闻标题刺入眼帘——《因丑被嘲笑，高考状元杀死同学》，我顿时感到压抑。

新闻说的是四川一大学男生曾世杰，性格孤僻，成绩极好，没有朋友。上大学后，因为生得稍微有点黑，时常被同学讥嘲，郁闷积于心头，长期无法宣泄，久而久之，遂成心理问题。

一日，正是春风沉醉的夜晚，曾世杰在寝室里，听同学们看四川方言小品，乐得哈哈直笑，忽然觉得，这些人又在嘲笑他，一时心头火起，抽出久已购置的匕首，但思考再三，觉得室友平常关系甚好，不忍下手，可胸中翻涌的怒气，却促使他走出寝室。

曾世杰把匕首藏在书包里，梦游一般在路上走。许多人与他擦肩而过，让他的手不停发抖。他忽然有种恍惚之感，像是有人在他头脑里呐喊，勒令他要有所作为。他头痛欲裂，一定要将匕首刺出去，才能得到解脱。他逐渐走到一个僻静地方，终于狠下了心，抽出匕首，寻找目标。

前方一对男女，在草地上促膝聊天，不时发出低微的笑声。笑声又刺激了他，于是悄声走过去，大喊一声："不准动！"

干涩尖厉的声音，把他自己也吓了一跳。男生扭头问："你要干什么？"

曾世杰没有回答，像一台输入了指令的机器，抽出刀猛地刺向男生。男生惨叫一声，朝旁边的女孩喊："小丹，快跑！"

可女孩早吓愣了，呆立不动。

曾世杰的刀上见了血，让他血脉偾张，脸上依然毫无表情，又准备刺出第二刀。

那男生顾不上女孩了，往后退了几步，捂着伤口，穿过草丛，飞也似的跑了。

"孬种！"

曾世杰不由冷笑一声，转脸向女孩。女孩的眼睛里满是惊恐，浑身不住发抖，几乎让他产生怜悯之心。可是，女孩的漂亮显然又刺激了他：这样的女孩，永远不会属于我。

曾世杰胸中的浊流又涌动了。女孩高声地呼叫，又激发了他的兽性。他拿起刀，一阵猛刺。女孩无声地倒下了，胸口、腹部，都渗出了鲜血，空气里满是腥味。

曾世杰完全是头野兽了，提着刀，继续寻找目标……

好吧，这段文字，是我从新闻中加上自己的想象写成的。但从新闻里，我们可以看出，曾世杰一直有明显的抑郁情绪，母亲去世，父亲责骂，家境贫寒，成绩下降，自认为相貌难看，受人嘲笑，种种事件，让他难以承受，拖延已久，逐渐有抑郁症的倾向，最终伤人害己，令人扼腕叹息。

其实，抑郁症患者人数目前逐年上升，成为社会问题。北京心理危机研究与干预中心提供的相关数据显示，每年中国有28.7万名自杀者，其中70%是抑郁症患者。而青少年抑郁症患者人数也急剧增加，校园惨剧屡见报端。可是，人们对此病仍是"不识庐山真面目"。

一位心理学家曾对62位15～23岁"来诊"于心理专科的青少年患者做过调查，结果显示青少年自身识别率几乎为"0"，学校、家庭、社会对本病的识别率平均不足1%，一些综合医院的识别率仅为15%左右。

可见，大家对抑郁症并不了解。非专科人士会把青少年心理问题与思想品德、个性问题相混淆，或误认为是身体不适。其实，抑郁有多种表现，我们可以进行甄别。

一、抑郁的表现与检测

青少年抑郁一般有六种表现：

1. 情绪低落。面对达到的目标、实现的理想、一帆风顺的坦途，青少年并无喜悦之情，反而感到个人的一切都很糟糕，前途暗淡无光，一切毫无希望，似乎已经离开了人世间，掉进了深山的谷底，一切已无可挽回，谁也救不了。于是度日如年，异样地孤寂，与人有疏远感。

2. 身体不适。有人经常用手支着头，说头痛头昏；有人用手捂着胸，说呼吸困难；有人说嗓子里好像有东西,影响吞咽。他们的“病”似乎很重，呈慢性化，或反复发作，但做了诸多医学检查，又没发现什么问题，吃了许多药，“病”仍无好转迹象。

3. 自我评价下降。青少年感到自己实际上什么本事也没有，任何事也干不了，是十足的废物。如自认为考试成绩不理想；自己不会与人交往；自认为某些做法是一种错误，给别人造成了麻烦，有深深的内疚甚至罪恶感。

4. 适应不良。可能在学校发生过一些矛盾，或者根本就没什么原因，青少年便深感所处环境的重重压力，经常心烦意乱，郁郁寡欢，不能安心学习，迫切要求父母为其想办法，调换班级、学校。但当真的到了一个新的地方，他的状态并没有随之好转。

5. 青春期逆反。在童年时对父母的管教言听计从，到了青春期，不但不跟父母沟通交流，反而处处与父母闹对立。一般表现为不整理自己的房间，乱扔衣物，洗脸慢，梳头慢，吃饭慢，不完成作业等。较严重的表现为逃学，夜不归宿，离家出走，跟父母翻过去的旧账（童年所受的粗暴教育，父母离异对自己的影响等），要与父母一刀两断等。

6. 感到生活没有意义。有些青少年感到生活没意义，人生没有意义，活着就等于受罪造孽，生不如死，于是心生自杀念头，甚至付诸实施。

上述六条只要有任何一条明显或突出，我们便要想到抑郁症的可能。当然，很多青少年内心郁闷，但并没有达到病症的程度。这些人，可以做下面的测试。

抑郁自评量表（SDS）

填表注意事项：请仔细阅读每一条，把题目的意思看明白，然后按照自己最近一周以来的实际情况，在适当的方格里画一个勾。

	偶尔	有时	经常	持续
1. 我觉得闷闷不乐，情绪低沉。				
2. 我觉得一天之中早晨最好。				
3. 我一阵阵地哭出来或是想哭。				
4. 我晚上睡眠不好。				
5. 我的胃口跟以前一样。				
6. 我跟异性相处时像以前一样开心。				
7. 我发现自己体重下降。				
8. 我有便秘的烦恼。				
9. 我的心跳比平时快。				
10. 我无缘无故感到疲劳。				
11. 我的头脑像往常一样清楚。				
12. 我觉得经常做的事情并没有困难。				
13. 我感到不安，心情难以平静。				
14. 我对未来抱有希望。				
15. 我比以前更容易生气激动。				
16. 我觉得决定什么事很容易。				
17. 我觉得自己是个有用的人，有人需要我。				
18. 我的生活过得很有意思。				
19. 假如我死了别人会过得更好。				
20. 平常感兴趣的事情我照样感兴趣。				

计分：正向计分题按 1、2、3、4 分计；反向计分题按 4、3、2、1 计分。

反向计分题号为：2、5、6、11、12、14、16、17、18、20。

总分乘以 1.25 取整数，即得标准分。

你的得分：______

按照中国常模，SDS 标准分的分界值为 53 分，其中 53~62 分为轻度抑郁，63~72 分他为中度抑郁，72 分以上为重度抑郁，低于 53 分属正常群体。

看看，你属于哪一类？

二、抑郁的成因

美国科研人员进行过一项有趣的心理学实验，名曰“伤痕实验”。

他们向参与其中的志愿者宣称，该实验旨在观察人们对身体有缺陷的陌生人作何反应，尤其是面部有伤痕的人。

每位志愿者都被安排在没有镜子的小房间里，由好莱坞的专业化妆师在其左脸做出一道血肉模糊、触目惊心的伤痕。志愿者在被允许用一面小镜子照照化妆的效果后，镜子就被拿走了。

关键的是最后一步，化妆师表示需要在伤痕表面再涂一层粉末，以防止它被不小心擦掉。实际上，化妆师偷偷抹掉了伤痕。

对此毫不知情的志愿者，被派往各医院的候诊室，他们的任务就是观察人们对其面部伤痕的反应。

规定的时间到了，志愿者返回后，叙述了相同的感受——人们对他们比以往粗鲁无理、不友好，而且总是盯着他们的脸看！可实际上，他们的脸上与往常并无二致。他们之所以得出那样的结论，只是错误的自我认知影响了他们的判断。

这真是一个发人深省的实验。

原来，一个人内心怎样看待自己，在外界就能感受到怎样的眼光。同时，这个实验也从一个侧面验证了一句西方格言：“别人是以你看待自己的方式看待你。”

但许多人相信，心情好坏是由发生在我们身上的事情决定的。

“心情糟透了，唉，考得这么烂，我算是完了。”

“他居然这样说我，真是的，害我几天都吃不下饭！”

“约好了 11 点看电影，这都 12 点了，他居然还不到，我现在什么心情都没了，都怪他！”

……

是啊，当我们感到愤怒或忧伤，我们会认为是别人使我们产生这样的感受；当我们感到受挫或忧伤，我们倾向于责怪自己的处境。然而，心理学家埃利斯认为，并不是人和事让我们喜悦或悲伤——它们只不过是提供了一种刺激。其实，是我们的认知（包括观念和想法）决定了我们在特定情况下的感受。

为了阐明这一理论，埃利斯提出了“A—B—C”模型：

A 代表“前因”（antecedent）（引发反应的情况）。

B 代表“观念”（belief）（我们对该情况的认知）。

C 代表“结果”（consequences）（我们的感受和行为）。

尽管我们倾向于责怪“A”（前因）造成了“C”（结果），其实是“B”（观念）使我们产生了那样的感受。让我们来看一个简单的例子：

设想你考试成绩不佳，你很沮丧。

A：前因：没考好。

C：结果：沮丧，失望，抑郁。

你感到抑郁（C：结果），不是因为你没考好（A：前因），而是因为你的理念：认为自己必须考好，成绩不好，就进不了好大学，这个后果是你所担忧的（B：观念）。

可见，这种抑郁还是有好处的，可以促使自己及时反思，知道自身不足，重新审视自己的学习计划，清理自己的知识仓库，从而有利于成绩的提升。

这时的抑郁情绪体验，还是恰当的。

可是，一旦抑郁情绪萦绕于我们心头，会让我们精力不济，难以集中注意力，内心惶惶不安，学习效率下降，使我们犯一些低级错误，这既使我们怀疑自己的能力，又觉得该做的事太多，不知从何做起。失败情感体验的不断反馈，会使我们更为沮丧、失望、无助，抑制了大脑活动，影响我们的思维效果，最终导致学习停滞不前，甚至倒退。

这时的抑郁情绪体验，是不恰当的。而不恰当的情绪宛如洪水，不仅不能滋润土地，而且还会席卷一切，使糟糕的情况变得更糟，产生更多的挫折感。

所以，当过度的抑郁席卷我们的内心时，我们应该改变固有的观念，把抑郁控制在恰当的范围内，发挥它的正向作用。

那么，到底有哪些错误观念，导致我们抑郁难言呢？

三、那些害人的不合理信条

一个人生活得是否快乐，我们从他们的自动思维中就可以看出。遇事就联想到消极、痛苦、郁闷的人，他的生活无论如何都不可能与幸福沾边，即使他的物质生活条件是优越的。凡事能够联想到积极、进取、愉快的人，即使他的生活水平一般，他的幸福感也会比较高。

不同人的自动思维差异是很大的。男生杨程和乔军碰到女生蒋明丽，两人齐齐和她打招呼，但蒋明丽没理会他们，低着头走过去了。杨程的第一反应是，“哦，她可能正在想事情，没看到我们”。乔军的第一反应是，“她怎么会这样？太傲慢了吧，故意不理我们”。不同的自动思维，导致了不同的情绪反应，自然也会带来不同的结果。

阿尔伯特·埃利斯观察到，人们天生就倾向于用不合理的、挫败自我的方式来思考。他注意到，有些人的不合理思维方式已成为习惯，因此他们尤其容易心烦意乱。按照埃利斯的说法，我们的思维如果违背了我们追求生存与幸福的内在欲求，那么它就是不合理的。所以，如果坚持某个信念却使你经受不恰当的愤怒、抑郁、挫折感，或者使你的自尊心受损，或者妨碍你追求健康、美好的人生，那么，你的信念就是不合理的。

他经过多年研究，总结出如下一些不合理信条。

不合理信条	表现
（一）专横的“应该”	我的表现应该永远完美。我应该永不犯错。我应该总是高效率地利用时间。我的生活应该无忧无虑。我应该总是能够控制生活中发生的事情。 听上去很励志？可是，这专制的、绝对化的“应该”，却让许多人脆弱得容不下一点失败，听不得一点批评，受不得一点委屈。这种苛求令我们苦恼，因为生活中总有不如意：我的表现不尽如人意，偶尔也会偷点懒，犯点错，也会有些人不喜欢我。
（二）非黑即白的思维	这是一种看待事物走极端的趋势，认为事物要么是好的，要么是坏的，忽略了中间状态。走极端的看法使得思维模式发生扭曲。比如，一位同学考试分数不高，就说：“不能考进北大，我的前程全毁了。”这就是典型的非黑即白思维。其实，他还有很多选择，不能进北大，进入其他的院校，依然有良好的前程。
（三）以偏概全	碰到一个骗子，就觉得天下人都是骗子。受过一次感情的伤害，就认为天底下的异性没一个好东西。我们往往以有限的依据为基础，对自己和别人得出了消极的结论。仅凭一次经历，我们就用“总是”“从来不”“每个人”这样的词汇来思考。比如，“我总是在重要考试上出娄子”“每次试图和朋友沟通，都毫无用处”“高中三年，我简直就虚度了”……
（四）心灵滤除	一些根深蒂固的信条，会让我们戴上有色眼镜。和我们信条一致的，我们就感知；和我们信条不符的，我们就滤除。假如你认为世界充满了敌意，人们彼此漠不关心，你就会注意那些能证实这一观点的信息。比如，老人摔倒没人扶、饭店炒菜用地沟油，而滤除那些相反的证据——老人一辈子节俭领养了弃婴、大学生捐献骨髓救人性命。
（五）草率得出负面结论	很多人倾向于对各种情况得出负面结论，而不管支持这种结论的依据是多么有限。当事情出了差错就立即设想最糟的后果。他们还会从最消极的角度来曲解他人的意思，从而感到难受。

（六）贴标签	忽视实际情况，给自己、别人贴上固定的标签。如“我成绩不好，我一钱不值”，或仅凭一两件事就概括了一个人的品行。这是一种自我挫败的做法，因为它对你的愤怒和憎恶火上浇油，浪费你的精力，还使你跟别人难以相处。
（七）灾难化思维	偶尔流鼻血，就认为自己得了脑瘤；一次成绩不佳，就觉得高考无望，一辈子毁了。这样的人习惯性地关注负面的可能性，例如失败、丧失、痛苦、灾难或者被拒绝。他们跟自己讨论可能降临的灾祸，常常涌现“假如”“万一”之类的想法，于是内心永无宁日，无法专心处理手头的事务。
（八）自找罪受	小孩子家里贫寒，就认为是自己的责任，其实这并不是他造成的；走进教室，忽然听到后桌嬉笑，就误认为是笑自己；走在校园里，向老师打招呼，老师无视而过，就认为自己不受重视。这样的心理状态，就是自找罪受，自寻烦恼。

四、检测我们的不合理信条

注意我们的想法是很重要的，因为这让我们得以辨认那些造成糟糕心情的认知活动，那些认知活动值得盘问。为此，监测我们的想法很有帮助，我们要对自己的想法进行思考。最好的办法是：每当我们心情不好时，就写下自己的想法。一旦我们这样做了，通常就可以辨别与这些想法有关的信条。

陈思文刚刚读完高三，在这一年中，他一直努力学习，并决心进大学读法律，成绩出来后，他发现自己的分数不够念法律，于是觉得被击垮了。他想：“这不公平，我苦读了一年——所有的牺牲却都付诸东流。白费了一年工夫！我的前程毁了！”

陈思文错过了自己很想得到的东西，当然会感到失望。当他被迫接受现实，当他考虑自己的未来，在一段时间内感到悲伤也是正常的。然而，陈思文失望的程度是由僵化的信条造成的——他认为自己必须达到某个目标，结果却没有达到。陈思文的信条包括——

人生应该是公平的——付出一定要有回报。

我必须总是成功达到自己的目标。

如果我不能学法律，我的一生就完蛋了。

达不到目标的结果是毁灭性的。

他身上有“非黑即白”的思维。抛弃了就算不能读法律，也可以选择其他专业，生活照样可以很好的事实。

我们再来看曹世杰的例子。他在狱中，曾写过一篇自白，让我们看到了他内心真实的想法。

母亲由于不明原因去世，对我的心灵造成了很大的创伤，留下了不可磨灭的阴影。而父亲的脾气本来就不好，母亲去世后他的脾气就更加暴躁了，经常骂我……而父亲因为我分数够而没有报考军校或免费师范生而大发雷霆，他说家里本来就相当困难。后来我仔细想了想，也确实理解他，从那以后我心里就充满了愧疚与自责……

自己上大学后因为相貌、经济方面原因受到很多人的嘲笑与歧视，加之性格内向，不爱与人交谈，遇到什么事都爱憋在心里，时间长了以后，便产生了特别强烈的抑郁感与自卑心理。经常在寝室里发呆，也经常藏在被窝里掉眼泪，严重到了一天只吃一顿饭，晚上才敢出去的境地。同时，成绩也一落千丈，甚至考试都不敢去了。白天遇见人时也从来不敢抬头，但还是逃不掉别人的歧视与取笑。想到无法面对家人时便极度自责与怨恨，对取笑我的人产生了极度的愤恨心理，只能在痛苦与怨恨的伴随下度过每一天。到后来严重到感觉所有人看我的眼神，与我交谈时的表情都是在取笑我。

案发当天，我和同学们在一起看电视时，对电视里演出的小品的精彩片段，同学们都大笑不已，而我莫名其妙地感觉到这种笑声是对我的嘲笑，顿时心中产生了极度的烦躁与怨恨，压得自己喘不过气来。于是莫名其妙地带上刀漫无目的地就出去了，之后头脑一片空白，直到刺了被害人张某并被制服后，才意识到自己闯了弥天大祸……

从中我们可以发现，他有许多不合理信条。

不合理信条	表现
自找罪受。	家里困难，他没有读免费高校，就觉得愧疚，认为对不起父亲。他“严重到感觉所有人看我的眼神，与我交谈时的表情都是在取笑我”，听到同学们看电视大笑不止，就认为是在嘲笑他。显然，这都是自找罪受。
贴标签。	他因为被人说了几次，就认为自己相貌丑陋，不敢与人交往，“白天遇见人时也从来不敢抬头”。其实从照片上看，他长得挺端正。
灾难化思维。	他因为几次成绩不好，就觉得再也考不好，“考试都不敢去了”，“想到无法面对家人时便极度自责与怨恨”。
草率得出结论。	上大学后，他“因为相貌、经济方面”不太好，就想当然地认为，自己“受到很多人的嘲笑与歧视”，这与实际情况并不相符。
心理滤除。	我们看他的自白，看不到一点暖色，全是压抑和苦楚。他不爱与人交谈，遇到什么事都爱憋在心里，有抑郁感，有自卑心理，不敢正视别人，听到笑声就烦躁、怨恨。显然，他把光明面都自动滤除了。

或许往下挖掘，他还有其他不合理信条。这些罗网将他的内心死死缠住，最后让他陷入崩溃。

而我们要做的，就是在遇到一些不好的事情时，要及时反省，防微杜渐，避免造成悲剧。

为了形成健康的思维方式，我们需要辨认自己那些导致不安情绪的观念和思维模式。这样做的最好办法就是在我们感到不安时监测我们的认知活动，或者说，信条。

现在我要你捕捉自己的信条，最好的办法就是写 ABC 日记。接下来的几天，无论何时，只要感觉到内心受到困扰，感到抑郁、不安，请把不好的事情写在下面的表格里。

ABC 日记分为三栏：

第一栏是“不好的事”，尽量描述详尽，记下人物、时间、事件和地点。

第二栏是想法和信条，记下你对不好的事的解释。

第三栏是后果，请记下你的感受。

我的ABC日记

不好的事	信条、想法	后果
1.		
2.		
3.		
4.		

五、批驳不合理的信条

我们的心灵都有一道城墙，守兵便是理性和自尊，面对外来的批评和攻击，守兵会奋力反抗，而不会坐以待毙，被轻松攻陷。但如果祸起萧墙，往往难以抵抗。正如前面所说，遇到“不好的事”，让我们自我谴责，自我批评，如果程度适中，促使我们自省自悔，当然有利于成长，但若是沉湎于自责，或是过分苛责，往往自怨自艾，甚至陷入自我毁灭，自然对成长不利。这时，我们就要反思：这信条是否合理。

如果合理，我们知耻后勇，改变自己，改变环境中不尽如人意之处。若是发现信条逻辑上说不通，甚至有灾难化的趋势，就要及时反驳，以免心灵受到更大伤害。那些所谓的“越想越生气”“越想越没劲”“我现在什么都不想做了”之类，往往是情绪泛化，如毒汁熔岩，在腐蚀我们的健康。

所以，埃利斯在ABC模式之后，还加上了D（Disputation，辩驳）和E（Energization，激发），他用“辩驳”这个词来描述我们质疑自己思维方式的过程。

我们一旦弄清了使自己难过的想法和观念，下一步就是辩驳它们。学会辩驳，从而最终改变使我们感到难受的认知，是避免和释放很多不安情绪的关键。

如何辩驳呢？主要有以下几个程序：

第一，找出正反两面的证据。

第二，盘问我们想当然的假定。

第三，找出不合理信条在逻辑上的漏洞。

一个简单好用的方式，就是运用思维监测表，认真地分析情况，理清想法，体验感受，再从逻辑上进行辩驳，并在行为上进行纠正。

思维监测表	
A. 情况	
B. 想法	
C. 感受	
D. 辩驳	
E. 激发	

举个简单的例子，比如某个周末，你本想做好一些作业，但最后没能完成，晚上非常沮丧。这时，你可以这样完成一个思维监测表。

思维监测表	
A. 情况	我本想今天完成这几张试卷，但我浪费了一整天，没办成什么事情。
B. 想法	1. 我没指望了！浪费一整天，一事无成。 2. 我应该时刻具备自控力，富有成效地管理时间。 3. 因为我浪费时间，所以我是个没前途的废物。
C. 感受	受挫、沮丧、郁闷，对自己恼火。
D. 辩驳	1. 谁规定我必须每天都绷紧，而不能稍微松懈一下呢？ 2. 我经常能很好地利用时间，今天浪费了一点，这当然不太好，但也不会造成严重的后果，没必要这么慌张。 3. 我今天虽然没有完成试卷，但看了一部很棒的电影《时间规划局》，对培养我的想象力很有帮助啊。
E. 激发	更合理地制订学习计划，不好高骛远，也不自我松懈，明天可以好好完成任务。

我们经常说，尽管自责对反省有好处。但反省的最终目标，不是自我讨厌，而是自我接受，并合理地完善自己。因此，做这样的思维监测、自我辩驳，显然是非常有益的。

我们再以曹世杰为例，站在他的角度，做一份思维监测表。当然，这要放在他挥刀伤人之前。

思维监测表	
A. 情况	母亲去世，死因不明，心灵受挫。没读军校和免费师范生，父亲责骂，内心愧疚。相貌丑陋、家境贫寒，受人嘲笑，不愿与人交往，深感自卑。同学们在一起看电视时，对电视里演出的小品的精彩片段，同学们都大笑不已，而我莫名其妙地感觉到这种笑声是对我的嘲笑，顿时心中产生了极度的烦躁与怨恨，压得自己喘不过气来。
B. 想法	1. 家里困难不读免费高校，认为对不起父亲。 2. 同学们看电视大笑不止，肯定在嘲笑我。 3. 成绩不好，以后也肯定考不好，“考试都不敢去了”，“想到无法面对家人时便极度自责与怨恨”。 4. 相貌、家境不好，受到很多人的嘲笑与歧视。 5. 生活太灰暗，看不到希望。
C. 感受	烦躁、自卑、怨恨。
D. 辩驳	1. 家境贫寒，不是因为我的缘故。我没去读免费高校，这其实并不能怪我，不是所有寒门学子都必须去读免费师范生或军校，我有自己的追求。 2. 同学们笑的是电视节目，并不是笑我。 3. 成绩不好，仅仅是几次而已，并不标志着我永远学不好。毕竟，我当年在高考时，还是全县的状元呢，可见我脑子是聪明的，只要努力，肯定能拿到好成绩。 4. 相貌不好，家境不好，这是实情，但这不是我的错。我不能没有犯错而接受惩罚。同学虽然说过我黑，但那都是好朋友之间开的玩笑，而且也没说几次。说实在的，他们也没比我好看啊。 5. 其实，生活也有快乐的成分。寝室同学其实对我也挺好的，他们看我不去吃饭，还主动询问我，给我带吃的。上次我生日，他们还一起送给我礼物。另外，我毕竟是名校学生，好好用功，日后前途还是不可限量的。

E. 激发	1. 告诉爸爸我真实的理想。不去读军校和免费师范生，是因为我另有追求，请他放心。 2. 同学关系其实挺简单，多说话，多沟通，多一起运动，就会成为好朋友。我相貌不好，可是，谁规定只有帅哥才有好朋友呢？ 3. 家境嘛，慢慢来。我得学好专业，找好工作，家境会好起来的，爸爸就等着享清福吧。

当然，不是所有的辩驳都这么容易。世间之事，我们往往是懂得，但未必能马上做到，所以我们应该经常锻炼，用理性和智慧去辩驳不合理的信条，战胜多余的抑郁和沮丧。

人生路上，我们还是会遇到许多坏事：考试不理想，无法得到想要的工作，被女孩拒绝，被公司裁员……在这样的时刻，如果我们能熟练地对内心的不合理信念进行辩驳，获得心灵的振作和平静，就能在挫折面前坚定不移。

这样的人，才是内心强大的人。

六、心灵体操：如何看待排名

或许，你会觉得，前面所写的都过于宏观，而你遇到的事情，都是极细微的。虽然细微，却像鞋中的一颗沙砾，实实在在地折磨着你。所以，接下来我要说说，如何看待考试排名。先来看一封读者来信。我想，这也正是你所关心的。

你这次排名比以往有退步，在全校高三生中名列 93。而你们学校前 50 名有望进入全国排名前 10 的名校。因此，你觉得失落。那张排行榜现在像噩梦一样纠缠着你。或许，你会认为所有人都对你失望，甚至瞧不起你，整天郁郁寡欢，世界变得昏暗一片。

这时，你应该怎么办呢？

关于这个问题，我先说点题外话吧。小畅是个 17 岁的女孩，长得很漂亮，歌喉也不错，正准备参加学校元旦文艺演出。不料，她的脸颊上很不争气地冒出了一颗痘痘。对着镜子，看着那颗神气的小突起，她懊恼极了。她想到自己站在舞台上，明亮的灯光之下，这颗痘痘无比醒目，无比滑稽，会让所有人哈哈大笑，完全破坏她的美好形象。她越想越慌，还没上台，手上已全是汗，结果在台上忘了词，尴尬地下场，痛哭了一回。

安安是她的好朋友，来后台安慰她。

小畅泪眼婆娑：“都怪这颗痘痘！”

安安却很惊讶：“痘痘，在哪儿？”

原来痘痘是那样的小，别人不留意根本看不到。而在小畅的心里，那颗痘痘早已无限扩大，几乎将半边脸颊都覆盖了。

你知道小畅为什么会有这种感觉吗？用心理学上的术语，这叫“假想观众”现象。青少年对自己在别人心目中的形象特别敏感，而且会自认为是所有人目光的焦点，一言一行都会被这群忠实观众看在眼里，并且久久不会忘记。所以林黛玉初入贾府，才会有“时时留心，处处在意，唯恐被人笑话了她去”的想法。

其实，每个人都很忙，根本不会这么关注你。

说这么多，就是希望你能从这种失落情绪中走出来。

然后，我们再做一个思维监测训练。

思维监测表	
A. 情况	摸底考试，我的排名掉到第 93 名。
B. 想法	这次考不好，高考也很难考好，考不上名校，那就完了。 我这么努力还学不好，可见我是太笨了。 别人都在嘲笑我。
C. 感受	抑郁、迷茫、自卑、没信心。
D. 辩驳	这次考不好，并不意味着高考就考不好。毕竟，我之前的考试成绩都不错的。这次没考好，只是偶发事件。 就算考不上名校，世界也不至于塌下来啊。 我努力但没学好，不是因为我笨，或许只是心情不佳，学习方法不对吧。毕竟，我的语文还是不错的。有点偏科，补上来就好了。 嘲笑我？不会吧。因为我自己就不会嘲笑成绩不好的人。我相信，我的同学都是善良的，不会落井下石的。
E. 激发	休整。 检验学习方法。 确定合理的奋斗目标。

我再来详细谈谈具体该怎么做吧。

第一，先休整一下。

如果你觉得累、无精打采，就有可能是身体处于疲劳期。所以，先放下考试成绩的好坏，把身体调整到舒服的状态。到周末把睡不足的觉补回来，晚上瞌睡了就放下书本好好睡一觉。课间不要贪图一点学习时间，让僵硬的身体活动一下。还可以通过做一些不太激烈的体育运动，或者听音乐来放松大脑，使大脑好好休息一下。

第二，检验一下学习方法是否正确。

考试成绩下降是由多种原因造成的，虽然对心情有打击，但是它却提醒了你，要认真地反省、检查自己的学习方法、知识漏洞。考试是一面镜子，照出了你的漏洞。与其对成绩悔恨、逃避，对以往的好成绩念念不忘，不如认真反省，找出自己的薄弱环节，研究对付的策略与办法，更新几种学习方法，变挫折为动力，激发自己最大的学习能力。

第三，给自己确定一个合理的奋斗目标。

在短时间内要从现在的排名迅速名列前茅，基本上很难实现。因此，我们要给自己一个明确的定位，确定一个合适的名次，然后付出努力，向目标前进。

我离开高中校园已有多年，发现了一个现象，原先成绩最好的同学，现在有些也会业绩平平。倒是当年有特长的同学，虽然名次不靠前，但现在都已独当一面，取得了自己的成就。当年坐我身后的一位男生，长于数学物理，语文却学得糟糕，总分自然不高。但他发挥了特长，在大学里开发计算机软件，现在创办了自己的公司。还有一位同学，他擅长交际，极有人缘，现在已是一家公司的副总了，收入是同学中最高的。这也就是所谓的“第十名现象”吧。虽然说，成功的标志，并非只是开公司、出书、挣钱，但我们在这当中获得了快乐，这是最重要的成功。

总之，在高三的关键时刻，你应当理性看待排名。懂得排名的激励作用，让你奋力向前。但也要懂得此刻的成绩排名，与日后的成就并无多大关系，所以一定要稳定情绪，恢复精力，才能在接下来的考试中获得好成绩。

人生很长，你只要做好自己，一切都有希望。

祝福你。

深爱你的

倪甫清

3月6日

杨略看完了信，半晌没有动静，他看着手背上的牙痕，不禁暗自神伤，也生出许多自哀自怜之意。心里难过，怎么能虐待自己的身体？毕竟只有它每日承载着自己四处奔波，和自己一起经历欣喜、酸楚，它是多好的兄弟啊，自己又给过它什么好处？而今却咬伤它了。

牙痕经过了睡眠，已平复了些，只是有点红肿。杨略轻轻抚摸着，还有些疼痛。

他开始扪心自问，到底是什么原因，让自己如此难过。按照爸爸的说法，葛怡的态度只是外因，而内心则在自己的信条。

自己的不合理信条，他是知道的。

“我爱她，她必须爱我。”

如果爸爸在身边，他肯定会纠正说，合理的信条应该是：“我爱她，所以希望她也爱我。”

可是，他虽然懂得了，内心却丝毫没有好过一点。至于排名之类，他可以放宽心，通过努力可以赶上，所以抑郁也是暂时的。但是情感呢，他完全不可能如此洒脱。说“天涯何处无芳草”吧，可是那些芳草如何能与葛怡相比？就算从此避而不见吧，可他随便到了哪里，都会想到她。看到一个女孩的马尾辫，就想到她；看到天空里飞翔的风筝，就想到他们在春日里放过的那一只……似乎她已身化千亿，处处都能看到。

毕竟，六年了……

唉，所以，爸爸又怎会懂得这些少年的心思呢？他的ABC法，对于受情伤的人而言，又有什么用处呢？他如何能反驳痴情的信条？

他叹着气，准备把信纸装回信封，却发现里面还有东西。他掏出一看，果然还有两页纸。他觉得奇怪，爸爸为什么不订在一起呢？看了前面几个字，他就恍然大悟，不仅有些面红耳赤，同时又倍感温暖。

又及：

略略，前面的内容，你大可给别人看，可下面这些文字，就当作我们私密的交流吧。

我知道你最近的苦楚。因为人世间最大的幸福源于爱情，最撕心裂肺的痛楚也源于爱情。在你八年级的时候，我就在信里谈到过爱情。

青春期的爱情就像一条清澄滢澈的溪流，没有世俗的功利性，不染纤尘，纯纯得让人感动。这是人们理想中的爱情。可是小溪毕竟清浅，随着时间的流逝，它能汇成大江，奔流不息，达到永恒吗？如果前面有大山巨石，或者是沙漠戈壁，那这流小溪能淌过去吗？

我也曾告诉你，真正的爱情，并非整日拥抱如胶似漆，而是两个人能携手，朝一个地方看。正如杨绛先生所说："幸福是什么？幸福就是牵着一双想牵的手，一起走过繁华喧嚣，一起守候寂寞孤独；就是陪着一个想陪的人，高兴时一起笑，伤悲时一起哭；就是拥有一颗想拥有的心，重复无聊的日子不乏味，做着相同的事情不枯燥……"

但是，在情感面前，少年们永远是冲动的，不计后果的。或许在大人看来，小孩子之间的情情爱爱，纯粹是玩过家家。其实，在爱情当中，越是心灵纯洁，越是不经世事，就越容易因爱情的波折而受伤。

你曾经写过一首诗，题目就是《简单》。

其实生命真的很简单
只要在春天，将绿叶举得高高
将爱情砸进大地
让每一天，都长出嫩绿的童年

其实爱情真的很简单
就像一首诗在草尖上凝结
就像一场雨自己将自己淋湿
爱情总在草地上坐着，神情恬然

只需它一声令下，乌云散去，露水晶莹
天空就打扫得干干净净
大地上奔跑着森林与羊群
当黑暗从湖泊中浮起，他们神情恬然

谁在这世界生活，谁就要明白
黑夜是为了更好地睡眠

在少年人心中，爱情是如此简单、纯净，像草间凝露，像一场滂沱大雨，可以转瞬之间，就将天空和大地冲刷干净。

其实，爱情是很艰难的，在爱情中一帆风顺也是很难的。在这一点上，我很认同《拆掉思维里的墙》的作者古典的话："你需要一见钟情很多人，两情相悦一些人，才能白头偕老一个人。"当然，我们都希望一见钟情、两情相悦、白头偕老的，都是同一个人。但要实现，需要天赐的良机，还需要用心地经营。而一般的少年人，只能通过跌倒，受深深的伤，爬起，又跌倒，慢慢才能知道自己需要怎样的伴侣，也懂得忍让和沟通。

所以，在爱情中心情起伏，恐怕是每个少年人都难以幸免的。但是一个怯懦的人，情感一受伤，就觉得天崩地裂，了无生趣，于是影响学习，这就像厨房失火，却不管不顾，只是哀啼，结果把客厅和书房都烧尽了。而一个心灵强大的人，尽管也会痛苦，但不容许痛苦泛化。无论情绪如何高涨，如何低落，都要沉下心来，按部就班，完成学习任务。这就像外面战火纷飞，炮声震天，但高明的医生会临危不惧，从容地包扎伤员的伤口。

略略，你能做到这一点吗？

祝福你。

深爱着你的

倪甫清

同日

杨略流下泪来。爸爸又一次准确地把握了他的心思。“情感一受伤，就觉得天崩地裂，了无生趣，于是影响学习。”这说的不正是他杨略吗？其实，世界很广阔，他的使命也很多，走出爱情这个小小的井口，阳光依然普照，万物正在复苏，春风令人沉醉。

“我是多么愚蠢啊，沉浸于小小的伤悲。”

他这样想着，觉得一扇门在眼前打开，他抬腿走了出去，到了更广阔的空间。尽管痛苦还是难免的，但他要把痛苦留在门内，不让它肆意蔓延。

“无论情绪多么低落，也要沉下心来学习。”

他这样告诉自己，就翻开了数学习题集，摒弃一切杂念，全力开始做题。渐渐地，他果然沉浸到学习中去了，一路势如破竹。等他完成任务，合上习题集，他心里涌动着一种快乐和满足。他看着前桌的葛怡，也不再有怨恨，只有柔情了。

他忽然想到，应该把这封信复印一下，拿给葛怡看，因为她也是抑郁难安。至于爸爸所谓的“私密信件”，不妨也给她看，或许，看了，她就会懂的。

其实，受情所困的少年人，远不止杨略一个。自从高三以后，陈子轩时常来学校旁边的理工学院。不为别的，就为这里有他想见的人。那位曾与他相视而笑的女孩，比他高一级，正在这里读大一。他从未和她说过话，当然也不可能有联系方法。他只知道，她叫储旭亮，在这里学服装设计。

虽然他曾亲眼看到她被一位阔少带进一辆漂亮的轿车，自己早没了指望。但是，他始终不能忘怀。

在他的脑海里，永远浮现着一幅最美好的画面。在夏日灿烂的阳光里，一位女孩翩然走来，留着灵动俏皮的短发，穿着洁白衣裙，设计得新颖别致，周身散发着夺目的光芒，手指将头发捋到耳朵后面，擦肩而过时，对着自己浅浅一笑，就径直走过去了，消失在爬满常青藤的走廊里。

他在小画册里，一次又一次地画着她，并涂上最清新的水彩：水蓝天空下嫩绿的树荫、夏天的灿烂光影、黄叶纷飞的草地、白雪晶莹的山林，衬托出她初春般柔美的容颜。时间一久，小画册都画满了，每一页都是她。

他希望有机会，能再次相遇，将这本小画册送给她。此外，他似乎再无奢求。当然，他是多么希望再发生点什么啊。

理工学院里有个书店。他觉得，那么优雅的女孩，应该会出现在这个书店里，于是时常在里面逡巡。书架的一侧有书桌，临窗，安静得像一本书，等待着有人把自己放进去。白天透进阳光，渗着树叶的淡绿。雪白的窗帘，在风中无声地流泻。晚上灯光透过窗户，在黑暗中凿开一眼眼方形的井。井底传来蟋蟀的鸣叫，细小而执着。

他坐在那儿，时常幻想对面坐了那个白衣女孩，一直坐着，娴静如水，认真地看书。看书间隙，他可以抬眼看看，遇到她清澈的眼睛时，就对视一笑，而后各自低下头去，心都怦怦地跳。别人都走了，她才起身。临走前意味深长地瞥他一眼。第二天、第三天她又出现，但依旧不说话。就这样逐渐亲切，但无须进一步的体贴。彼此山青水远，冰清玉洁。

可这个女孩从未出现。但问题是，即使出现了，他真的敢于直视吗？直视了，又能赢得她的目光吗？

一个月前的某天，是初春的周末，天寒料峭。他又坐在这儿，随意地翻翻书。书店里没几个人，毕竟，天寒地冻的夜晚，是不太有人来光顾的。

心里感到苍凉了，他起身出了书店。旁边就是操场，他走了进去，忽然开始跑步，于是在夜色中一圈圈地绕着操场，保持两步一呼吸的节奏，两腿尽量迈开，每一步都力求轻捷有劲。

在雪光之中，他看到跑道中零零落落有几个人在跑步。其中有一位留着短发，一甩一甩，纤细的腰，在跑动中优美地摆动。

“会是她吗？”

他有一种冲动，脚下加快，渐渐追上。与女生擦肩而过时，回头看了看她的脸孔。自然不是她。她似乎从他的世界里消失了，再也没有相见的机会。也许多年以后，他们都将站在时光的另一头，默默回顾遥望。隔着浩浩时空，凝望生命的飘忽与轻扬，体会人生的苦涩与醇香。两条视线投向同一个时间，同一个地点，却始终平行，不曾交织缠绕，于是内心惆怅难言。也许并非因为错过，而只是因为韶华不再，东流难回。

当然，或许她早将他忘却了，根本不会知道，她因为无意的凝视，就让一个男孩再难忘怀，并被画进作品里，如果有可能的话，画作会比他们活得更长久。

他这样想着，忽然有点激动，觉得爱而无求，是份多么优美的感情。他很想回去画画，就在离开操场穿过体育馆时，一个改变他人生轨迹的事件发生了——

他发现体育馆里很喧闹，似乎有几百人齐声呐喊，回音嗡嗡作响。偶尔飘出几句，钻进他的耳朵："弱者不配拥有爱情，拥有了也守不住。"

他心里蓦然一动，想到了白衣女孩，想到了轿车。他不由自主地走进体育馆。

看台上坐了几百人，篮球场中间布置了一个舞台，横幅上写着"全利公司励志讲座"。一位圆脸秃顶的中年人腆着肚子，正起劲地说话，脸上满溅出油润的红光。他说的内容，也不外乎人生需要梦想，励志照亮人生，态度决定成败之类，本是平淡无奇的，可不知怎的，他的姿态、语速、案例，还有全场的反应，让陈子轩沉浸了，而且心里有股子火被点着了。

"你们想改变自己吗？"

台下有人大叫："想！"只有几个人，声音尖利而有些突兀。

"其他人呢？"

更多人附和："想！"

"我听不见！"

"想！"这次连陈子轩也喊了起来。

中年人满意了，笑纹荡漾，把眼睛都挤没了，又把双臂张开。

"那就来创业吧！"

全场一片持久不衰的掌声。

中年人又说："如果有人问我：'创业不成功怎么办？'我会告诉他：'你原来就不成功，现在不成功又有什么了不起。'"

底下一阵会意的开心大笑。

"有人可能对我们的公司不感兴趣，但有人敢说'对钱不感兴趣吗？'没有吧？有一次还真有人敢说，我就对他说'那你可以走了'。他还傻傻地问我：'为什么'，我说：'我对你不感兴趣。'对钱都不感兴趣，他还活着干什么？"

底下又是一阵会意的开心大笑。

"替别人打工，你拼死拼活，顶多混个温饱。而在全利，你就是创业，你就是我们的合伙人。在我们公司里，每一天，都在涌现新的百万富翁、千万富翁。他们中有退休老人，也有大学生，最年轻的，只有18岁。他们的共同点就是，敢想敢干，自强不息。同学们，别人可以做到，你又不缺胳膊不缺腿，为什么做不到？关键在于，你把自己看扁了。在我们公司，我们坚信，付出就有回报，想到就能得到。现在，你们愿意加入我们吗？"

"愿意！"

全场又是一阵持续不断的掌声。

讲座结束了，陈子轩觉得自己有点脱胎换骨，身子也轻便了许多。路过校门口，看到一家甜品店。店里有许多少男少女，却已有一对一对的了，或牵手，或相拥，旁若无人，笑得灿若桃花。

他注意到一个女孩，毫无疑问是当中最美的，穿粉红的风衣，身形纤长轻盈，留着俏皮的短发。他心里猛然一震，她是储旭亮吗？他隔着玻璃，一时难以呼吸。

细看，却又不是。但心依然腾腾腾地死命跳。

这个不是储旭亮。真正的储旭亮在别处，她的腰身，此刻肯定被一个男孩搂在臂间。那男孩身材高大、脸庞洁净，有着明皓的眼睛和牙齿，衣饰鲜艳而张扬。他们相契得那般和谐。

陈子轩注视着店里的少男少女们，心里有着说不出的惆怅。他也是那样清俊的少年，却从未这般盛开。家境的贫寒，让他胆怯、羞涩，遇到过美好的女孩，他望而却步，陷于自卑而忘记了自己同样年轻和美丽，本来可以与她们比肩而行，谈笑自如，相互辉映。但他没有，一直都没有。初中时，他是个过于听话的孩子，听父母的话，听老师的话，一天到晚愚蠢地一遍又一遍地翻看教科书。高中时，他藏身校园一隅，或是网络深处，以梦为马，以笔当车，飘游在最美好的幻境。他一直觉得很孤独，又无法摆脱，最后只好爱上了孤独，说孤独是他的灵感女神，让他作画，说孤独让他安静而超脱。

但如果让他重来一次，他肯定会做个轻狂的少年、霸气的少年。他要去创业，用青春热血，成就自己的事业，一举摆脱穷酸的局面。很可能，在 20 岁的时候，他就可以腰缠万贯。到了 25 岁呢，可能就拥有了自己的公司。

同时，他要马不停蹄地追逐心爱的女孩，为她吹口哨，甩响指，撕碎教科书为她擦拭鞋上的泥水，开着最漂亮的跑车，带她去最美的地方旅行。

另外，为了显示自己的温文尔雅、聪颖韶秀、浪漫多情，他要画好多漂亮的水彩画，学好多外语，甚至还要学音乐，坐在海边的礁石上，弹起吉他，把歌唱给心爱的女孩听，让她在歌声里浮起来，浮起来。于是，他的魅力让人无法阻挡，他的幸福横无际涯。

于是，陈子轩整天想着念着的，就是怎么弄到一笔启动资金，够他购买公司指定的全利产品，然后大力发展下线，那他就算是坐着不动，钱也得打着滚儿钻到他口袋里来。

说起来，他的叔叔和姑姑资产还算雄厚，开着农庄、饭店，他要是以创业的名义去借钱，他们没理由不支持的。当然啦，如果以上大学为名义，那简直就名正言顺，他们是断然不会拒绝的。

想好了资金的来源，接下来的问题，就是如何销售，如何发展下线，在这些方面，他心里可没底，于是只要理工学院一有类似的讲座，他就跑去听，每次都心潮澎湃。但听得久了，就发现一个问题，讲座里都讲励志，不讲方法。不过他转念一想，也就明白了，毕竟那是人家的看家本领，哪能在大庭广众之下传播呢？他是谦恭好学的、积极进取的，讲座之后，他就主动去找组织，也获得了热烈的欢迎。那位秃头的中年人说，四月初在本市有一次集中培训，为期四天，大家都可以参加。

“四月份？我还要高考呢。”

他心里头嘀咕，却没敢把话说出来。要是人家知道自己是高中生，肯定不带自己玩儿了，那怎么能行呢？

和那些人接触久了，他慢慢发现，他们许多人并没读大学。就算有大学毕业的，也只是出自一些名不见经传的高职院校。但一个个都能言善辩，精明干练。其中有位夏大明，不过二十五六岁，留着利索的板寸头，身板精瘦，穿笔挺的西装，也总是打领带，语速极快，与陈子轩是自来熟，坐在一起闲谈时，就说到自己初中毕业就出来打拼，十年下来，在城里买了两套房，一辆车。

陈子轩不由惊叹，想到了那个学霸和学渣的段子。眼前这位，几乎就是张二狗的现实版了。

他不免和夏大明也说了这个段子。

夏大明也得意了，坐在沙发上，跷着二郎腿，熟练地点着一支烟，吸了一口，极洒脱地弹了弹烟灰，露出一口黑牙。

“大学里学的，嘿，全都是理论，一到社会上啊，屁事儿不顶，都得乖乖回炉。我是看明白了，要是不想搞学问，上大学就是瞎耽误工夫。兄弟，在社会上锻炼，学的才是真本事哪！”

听说陈子轩擅长漫画，他更是来了兴趣，说起自己有个同乡，一直喜欢漫画，高中毕业没读大学，去深圳打工，机缘巧合，就进了一家游戏公司，帮着画人物和场景。几年之后，公司发达了，他有了股份，绘画技法也成熟了，要继续追逐理想，不愿再做游戏，就辞了职，开始独自画漫画，几年时间，画了几本畅销书，荣登全国漫画家财富排行榜，作品还远销欧美，成了漫画界响当当的人物。

“瞧瞧人家！嘿，这真是条条大路通罗马，不能单恋一枝花啊。”同乡的事迹，显然让夏大明也颇感荣光。

这回，陈子轩真的心动了。

于是，他回到寝室，嘴里说的都是那套读书无用、创业无价之类的言论了。

第五章

“心流”产生时会有高度的兴奋及充实感，并且能促进我们的学业发展、心理成长，因此这种“心流”的体验越多，我们就拥有更健康茁壮的心灵，也越觉得快乐。

楚当当的艺考成绩公布了，分数相当不错，只要文化课过关，她肯定能上中国美院。于是大家决定要在周末庆祝一番。到了聚会当天，楚当当早早地来到断桥。可是，陆续有人请假，左等右等，最后只有杨略一人参加。

楚当当嘟着嘴说："就咱俩大眼瞪小眼的，还是算了吧。"

她原先的安排是，平时忙碌，好不容易出来放风，肯定得好好玩。趁着春光明媚，看看桃花，划划小船，玩三国杀、狼人游戏，再摆出各种古怪的姿势来合影。可现在呢，就两人，玩什么都不行啊。

杨略看出了楚当当的失落。

"当当，其实，就我们两个人也没关系。我们可以租辆自行车，沿着白堤，一直骑到西泠桥，然后再去苏堤。说不定，我还可以给你讲讲西湖的典故呢。"

"好，我就接受你这文豪的熏陶。"

楚当当性情率真，执着于艺术，身上有股子洒脱劲儿。与她交流，杨略总是觉得很放松，很自如，当她是好兄弟。与之相比，他对葛怡的情感，则是爱中有敬，心里是紧张的。一想到葛怡，他心里难免酸楚。幸好楚当当已经跨上了单车。

"走吧！"

楚当当照例穿得随便，不过是一条背带牛仔裤、一件白色衬衣，此刻轻快地踩着踏板，两条小辫活泼地甩来荡去。虽说朋友来得不全，但她毕竟春风得意，所以脸上一扫往日的阴沉，变得明媚而娇艳。

杨略也追了上去，并驾齐驱，与楚当当开开玩笑，谈笑风生，不觉心里开朗了许多。

阳光很好，白堤苏堤都在春晓。一树树的桃花，正开得红艳艳的。柳树的黑枝丫上，显出一片青绿，像水彩在宣纸上层层洇开，近看却只有点点叶芽，娇嫩剔透，让二人赞叹不已。

渐渐地就到了西泠桥，杨略详细地说了苏小小与阮郁的故事，说这二人才貌相当，情投意合，却不能白首终老，乃是千古憾事。又念了那首著名的苏小小的诗："妾乘油壁车，郎跨青骢马。何处结同心，西陵松柏下。"

楚当当长于绘画，但对历史掌故却知之甚少，她以前一直以为苏小小就是苏东坡的妹妹，今天听杨略一说，才知道她是这样凄婉的才女，不由感慨一番。

再往前骑了一段，路边出现了一个老人的雕像，穿黑布大褂，戴瓜皮帽，留一把山羊须，一边观看湖光山色，一边在画册上写生。

“这是黄宾虹。”

这可是楚当当的强项了，她看过不少黄宾虹的画作，多少也临摹过几幅，对他的风格也了如指掌。可是那种微妙的审美感觉，她口拙嘴笨，难以用语言来表达。而对于黄宾虹的生平事迹，她因为没兴趣，所以不甚了然，所以最后只好说：“是画山水画的。”

幸好她灵机一动，取出手机，上面刚好有几幅她在参观黄宾虹纪念室拍的照片，就给杨略看，是几幅云雾湖山图，笔墨纵横，气象万千。

正在看时，楚当当忽然指着远处，说：“看，鸟——”

一只鸟从林中飞出来，黑白相间的翅膀扇动，一下，又一下，像慢镜头，他看得很分明，很安静，每一下都反射着阳光。背景是蓝空、山影、湖光。黄宾虹的画，似乎在眼前出现了。杨略觉得，这画面，真可以写首甜美的诗。

最后，他们一起坐在桥栏上，双脚悬空，荡来荡去，自由自在。农谚云，二月的天，孩子的脸，说变可就变了。乌云远远赶来，一下遮住了太阳。空气猎猎地涌动，撞击着树枝。湖水汹汹地涌动，撞击着岸石。几枝去年的芦花在摇摆，像洁白的拂尘。

“冷吗？”

“还好。”

“真不冷吗？”

“嗯。”

杨略在包里取出一件外套，给楚当当披上，袖子在脖子前面上打了个结，垂在胸前。然后左看右瞄，轻轻一番拉扯，收拾整齐。

“听歌吧。”楚当当取出耳塞，“这边是左，这边是右。右边给你，左边给我。”

许巍的歌就这样塞进了耳朵，是《旅行》：

只有青山藏在白云间

蝴蝶自由穿行在清涧
看那晚霞盛开在天边
有一群向西归鸟
……

歌词很美，歌声自在、轻盈，每句末尾又出乎意料地一落，如同乘车疾行，忽然跃然下坡，人的心魂一时悬了空，麻酥酥的，晃悠悠的，然而无处不妥帖，无处不润泽。

楚当当喜欢旅行，应该也有这般潇洒吧。杨略的眼前，已浮现出楚当当云游的形象：双肩包、画板、轻盈的身姿。

风恰到好处地扑面而来，和乐曲走得很合拍，又细致地将头发吹起，她的、他的。风鼓荡着一种豪气、逸气、灵气，他想唱歌，清越的歌、明亮的歌，却怕忘记歌词，于是改为念诗：

像一只燕子淡入春天
像一尾鱼淡入江南
像一滴水淡入柳烟
一扇门豁然敞开，又大提琴一般

委婉而坚决地关闭
一扇门就这样淡淡地远去
像一瓣羽毛淡入日光
涣然冰释，一无所余

楚当当微笑着，看看他，又看看湖水，然后闭上眼睛，轻轻地说：“虽然听不懂，但意境很美，很像一幅画，可惜我没带画箱。”

杨略也笑笑，忽然觉得，诗画相和，是多么美的事情。而他在诗里随机写出的“一扇门”敞开又关闭，然后淡淡远去，似乎也是有所指。具体指什么，他却不愿说，就这样含蓄着，朦胧着，也是好的。

“我们合个影吧。”

楚当当也同意了。他们请了一个路人，就把坐在桥栏上自由的样子拍了下来。

然后，他们坐公交车回去了。

车子空敞，一晃一颠，窗外的梧桐、楼房、行人也跟着轻松地摇晃。车内人的脸孔，都有一种美意，说话声也琳琅动听。他觉得心里亮堂堂的，又满满的，盛了一泓清水，要溢出来了，要痒痒地笑了，嘴咧开了，眼角皱了，但很安恬，依旧是一道静水，浅浅地流，美美地流，自给自足地流。

“笑什么呢？”楚当当在一旁问。

“没什么。”杨略把头甩了甩，由于离心力，几朵笑声飞了出去，像转动的雨伞上飞出的水珠。

“没什么是什么？”

“就没什么。我经常这样的，一个人偷笑。”

“我也是。”

他看看她，又看向窗外，心里怦怦地跳动。一道活水，潺潺地流，美美地流，畏首畏尾地流。

可是，该流到哪里去呢？

不知出于什么心理，他把照片发到了微信朋友圈里，本来想加上一句：“祝贺楚当当小朋友艺考成功，撒花！”又不知出于什么心理，他把这句话删了，就剩下两个少年，坐在青春的桥头，坐在浩荡的春风里。

不明就里的朋友评论：“般配啊。”

知根知底的同学语带双关：“这个坐姿，很危险哦。”

于是就有了种种传闻，毕竟是在高三，烦躁的生活里需要调剂。大家并不想追究真相。真相总是无趣的，好玩的就是这种模糊劲儿，适合窃窃私语，适合刨根问底，聊以解忧。

对这些传闻，杨略有几分得意，又有几分不安。他偷眼去看葛怡，她依然故我，只是更沉默了些，偶尔也烦躁了些。陶坷坷向她问功课，她说了一遍，陶坷坷没听明白，她居然高声说：“你好笨啊。”

她以前时常这样笑吟吟地骂杨略，几乎成了他幸福的专利了。而这次居然说给陶坷坷听，杨略不由心里一酸。但随即发现，葛怡丝毫没有打情骂俏的意思，她皱着眉头，一脸烦躁，真是生气了。这在她是不常有的，几乎算是失态了。

杨略有几分得意，又有几分心疼。

而作为当事人中的另一人，楚当当却似乎浑然不觉，只是在自己的微信朋友圈里，接连不断转发一些画作。而那些画作的作者只有一个人，那就是她的指导老师端木宇。

最近，端木宇画出了一组戏曲人物油画，诸如昆曲《牡丹亭》中的杜丽娘和柳梦梅，面容是整齐清晰的，而戏服却用了金黄、殷红的色块，斑斓、璀璨，极丰富，又有种梦幻感，与《游园惊梦》的意境十分相符。而楚当当对作品的评价很简单，就是几个表情：一颗爱心，或是抛出飞吻。

杨略从中看到了端木宇的才气，也看出了楚当当的用意。楚当当这一手，真是无声胜有声，声明了立场，又不伤颜面。但杨略毕竟感觉出一丝尴尬。

“唉，我这是在做什么呀？”

当然，很快，传闻就消失了。毕竟是在高三，再大的新闻、绯闻，也抵不过高考的重要性。谁愿意在那些无聊的事上耗时间？

自从一开学，老师们如同商量好了一般，都如上紧的发条，一节课紧似一节课。历史老师一脸严肃，告诫着大家：“高考就指望历史争分呢！这历史啊，又考记忆，又考理解，现在要抓紧了，抓紧每一分，每一秒，不要空度一天。”数学老师也大肆宣扬：“数学很严肃，也很客观，1是1，2是2，绝不含糊。只要认真学，数学就能拿高分，高考时就能往上拉名次……”

杨略自然也深知其中利害，他是一门课都不愿放弃。只是，前段时间心情抑郁，一些学习任务没完成，就让他有些恐慌，于是要加倍努力了。在每天的任务安排表上，他密密麻麻地写了许多。尤其是数学，他立志要做完三本习题集。

于是，他马不停蹄地看书，做题。做完一项，就在安排表的相应位置打钩，然后也不休息，立即转入下一项。

然而，有时候明明在做数学试卷，心里却想着语文的一些知识点没掌握，于是去看语文，但刚看了一点，却牵挂着数学。于是东一榔头西一棒子，一天下来，学习任务没能都完成，心里就越发浮躁。

有时候，他好不容易把当天的任务全部完成了，却没有如释重负的感觉。他成了移山的愚公，挖完了今天的几筐土，本来要休息了，可是一看大山依然巍峨，就着了慌，恨不能再多挖几筐，于是半点成就感也没有了。他的脑子里有个声音，对他抽着响鞭，大声呐喊：你该更努力一点，再努力一点。

他恨不能一天当两天用。

像是要响应这个愿望，他开始失眠了。前一次失眠，他是因为苦恋，只是个暂时现象。而这次呢，却是出于发自内心的恐慌。躺在床上，满脑子跑火车，什么杂乱的念头都在心里浮现。床头的闹钟噌噌噌地走着，声音清晰入耳，让他越来越着急，翻来覆去，难以成眠。

他默念了几首唐诗，心情稍微宁静，曾泉又不识时务地打起了呼噜，“咯啊啊——呼呜呜——”，不绝如缕，忽然翻了个身，鼾声停息了一会儿。杨略正觉清静，“咯啊啊——呼呜呜”，这次曾泉是侧躺，声音就直接穿入杨略耳朵了。

杨略用棉被捂住了耳朵，却也毫不济事。

他开始想葛怡，一如往日，他轻轻念着她的名字，心里涌动着柔情，眼前又盛开了洁白的栀子花，香气馥郁醉人。但不知怎的，楚当当的身影忽然闯进来。那天下午，他们坐公交车回家，当当先下了车，往前走了几步，忽然想到了什么，轻盈盈一个转身，双手握着背带，笑眯眯地看他，使劲地挥手，两条辫子一荡一荡。这个美好的场景，深深印刻在他脑海里，一想起来，心里就有几分甜蜜。但是他警觉了。

“我这是怎么了？难道真的移情了？”

他几乎看到了后果。葛怡将觉得他用情不专，从此一刀两断。而楚当当呢，也不可能接受，只会正色告诉他：“我不愿成为感情的替代品。因为心灵太柔弱，容易受伤，我要好好保护。”

不过，唉，感情的替代品，又是什么意思呢？难道一旦倾心过一个人，就成了犯罪前科，再也无法洗净？感情经过转移就会变质？当然，他想得更多的，是对自己的谴责。他希望自己的情感干干净净，就为了一个人而盛开。

唉，浮躁啊，浮躁，已经让他难以专心了。

他这样自相矛盾地想着，不知过了多久，在半睡半醒之间，他做了个梦。在梦里，他飞快地奔跑，几乎足不点地。头顶上有什么阴沉沉地压下，怎么跑也躲不开。然后，他似乎坐上一辆火车。火车极快地奔驰，窗外是平整的原野。天空是蓝色的，云朵也是醒目的。然而他很不安。果然，车顶一声巨响，一只长着黑色鳞甲的手穿透铁皮，撕开车顶，露出一个黑甲的怪物，一脸狞笑，就要跳进来……

他猛地惊醒。一看时间，三点多了，曾泉的鼾声已停，单昀正在咯咯咯磨牙，只有陈子轩的床上一点动静也没有。再一看，陈子轩的床上没有人。莫非，陈子轩刚才趁着大家睡觉，又溜去教室用功了？

他心里一阵发急，更是难以入眠，只好眼巴巴地看着东方既白，然后一身疲惫地开始新的一天。

周末回到家，爸爸没有催他读书，倒是让他放松一下，去打个球，看个电影。

"读书也不差这一会儿。"

杨略却舍不得浪费时间，绕着小区跑了一圈，身上出了微汗，就回来了。坐在客厅里，打开电视，点播了一部电影。他是喜欢科幻乃至魔幻题材的，就点开了《永无止境》，而且一看就入了迷。

片子说的是一位作家，长期没有灵感，看着截稿日期越来越近，却毫无办法，脑子像一锅糨糊一样，打开电脑，憋不出一个字，于是只好顶着油腻的乱发在街上乱走。谁想，一个机缘巧合，他得到一种神药，喝下之后心智大开，极度专注，灵感如滔滔流水，连绵不绝，转瞬之间，就写好了文章，而且还有余暇，将像狗窝一般的房间清理干净。此后，他就依赖上了这种神药，有了它，他大脑的潜能全部被激发，随便听听广播就能学会各种外语，看看股市数据表顿时掌握了未来走向，连天文地理也是一看就通。最后，他成为参议员，目标直指美国总统。可是，一旦没了药，他却无法集中注意力，精力涣散，头脑混沌一片。

爸爸从书房里走出来，坐在他身边。

“这电影讲什么的？”

杨略大概描述了电影情节，就开始感叹脑子不好用，专注力不够，记忆力不够好。

“爸，你说，那些杰出的人物们，是不是都得到过特殊的帮助啊？要不然，他们的脑子怎么那么好使呢。就拿你最喜欢的苏轼来说，他一辈子才活了六十来年，可在文学、绘画、书法、史学方面的成就都首屈一指，真是让人不服气啊。”

“苏轼是两千年才出一个……”

“是啊，人比人，气死人。人家二十出头就考中榜眼。而我呢，连高考都对付不了……”

于是他油然而生沮丧之意了。

爸爸知道，杨略心气是很高的，这本是好事，毕竟要想走得高，走得远，心里格局要大。可惜的是，心气一高，参照系也高，所以很容易沮丧。

“略略，我来归纳一下你的现状，好不好？”

“好啊。”

“你的现状啊，都写在脸上了。瞧你一脸的焦灼不安，连我看了都着急。不错，距离高考只有三个月了，而成绩不能如愿，所以你想用功。而且你肯定是这样想的，你努力了，花时间了，成绩就该像气球一样迅速鼓起来。可是呢，学习这件事情，不会立竿见影。就像春耕而秋收一般，想要拔苗助长，往往事与愿违。你啊，越是关键时刻，越是不能急。”

“可不急，能行吗？这都火烧眉毛了。”

“急，有用吗？”

杨略无奈地摇摇头。

“就是嘛，越是性急，越是浮躁，心静不下来，效率反而越低。”

“那我该怎么办呢？”

“你需要投入，需要专注，以此破除浮躁的迷局。而且，投入也是快乐之源。”

杨略听完这句话，再看爸爸的表情，心里知道，爸爸要开始上课了。于是，他安静地坐好，开始聆听第五堂课的内容。

第五课　倾心投入学业和事业

略略，真的，我们这个国家曾陷入浮躁。20世纪50年代大炼钢铁，每家都把铁锅砸了去炼钢铁，发誓要让钢铁产量赶英超美，可是，这样竭泽而渔似的炼钢，后继乏力，以至于灾难接踵而至。中国现在的经济高速发展，举国欢庆，可是环境污染（比如雾霾）正影响着我们的健康，使医疗支出成倍增长，这侵蚀着人们生活品质。

对于年轻人而言，房价坐着火箭上升，物价都练就了筋斗云。马年到了，我们在马上画了房子、车子、钞票，希望马上有房、马上有车、马上有钱，于是一个个把自己磨砺得像刀片一样，砍向纷繁复杂的社会，都恨不得一夜成名、一夜致富。我们崇尚快捷、方便，渐渐把自己的心灵磨损了，变得功利、务实、暮气沉沉。

什么叫浮躁？“躁”者“急”也。而“浮”的意思是“漂流”，两个字合在一起，就是“奔波不息，却又无处歇脚，因此四处飘荡，不得安心”。这是不是和“忙”者“心亡”是一个意思呢？

略略，你是不是就处于这种“四处飘荡，不得安心”的状态呢？我们分享一个充满禅意的小故事吧。

老师父分给本、静、安每人一颗古老的莲花种子。“这是几千年前的莲花种子，非常珍贵，你们去把它种出来吧。”

拿到种子后，本就想，我要第一个把它种出来！他马上跑去寻找锄头，把种子埋进雪地里。本等了很久，种子也没有发芽，他愤怒地刨掉了地，摔断了锄头，不再干了。

而静拿到种子，开始想，怎样才能种出来呢？他想要挑出最好的花盆，这样就一定会种出千年莲花的。他将选好的金花盆搬来，放在最温暖的房间里，用了最名贵的药水和花土，小心地种下了种子。过了几天，种子发芽了，静把它当成宝贝，用金罩子罩住它。可是，小幼芽因为得不到阳光和氧气，没过几天就枯死了。

而安拿到种子后，把种子装进小布袋里，挂在自己胸前。当本把种子埋进雪地时，他在清扫寺院中的积雪。在静四处找花盆时，安一如往常，清晨早早去挑水，晚课后去散步。一直等到春天降临，安在池塘一角种下了种子。不久，种子在温暖的春光下发芽了。盛夏的清晨，古老的千年莲花轻轻地盛开了。

在这三个小和尚中，本最为浮躁。在他看来，种子是否会发芽不再重要了，重要的是“第一个”！他不知道万物有时、有序，在雪地上种下莲子，结果一无所得。而静却用自以为是的爱，用了最好的花盆、最温暖的房间，却武断地拒绝了滋养莲子的阳光和氧气，最后伤害了它。

这就像你在学习时，太看重排名，在疲倦的时候用功，不遵循学习规律，不运用学习方法，最终将无成效。

而安却将千年莲花种子郑重地装进小布袋，挂在胸前，尊重它原来的样子，郑重地等待；他从容如一地去买东西、扫雪、做斋饭、挑水；他悠悠然散步，迎接每一个当下的样子。种出璀璨的莲花是一场极致的盛事，可享受生活的过程，享受那些平凡的琐事，享受每一个安然的等待，何尝不是生命的智慧？

学习不也是这样吗？

取得出色的高考成绩，进入心仪的高等学府，当然是一场极致的盛典。但享受学习的过程，享受投入的求知乐趣，享受听课时的心领神会，享受耐心思考后的豁然开朗，静静投入，专注入神，享受每一刻时光，这才是快乐的真意啊。

接下来，我们要辨别浮躁，了解它的害处。

一、浮躁的表现和危害

专家在研究中发现，浮躁情绪在学习中有四种表现：

（1）上课时不懂装懂。

（2）没看清题意马上做。

（3）做完题目不检查。

（4）将错误归因于粗心。

略略，扪心自问，你在学习中，会不会也有这样的浮躁情绪呢？如果有，甚至有好几条，那么学习成绩不理想也是难免的。

接下来，我们对这些问题一一进行分析和破解。

（1）上课时不懂装懂。

课堂上，老师讲了一段，问大家：“大家懂了吗？”满教室的人都齐声回答：“懂——了！”但他们真的都懂了？有些人其实是半懂不懂，只是自认为懂了，并且认为说“不懂”很没面子，于是随声附和，心里想：“差不多，好像会了。”而他一旦这样想，学习过程即告停止。

其实，说“差不多”意思就是“差得多”！“好像会了”意思就是“肯定不会”！所以，有一句俗话：成功的路上尽是失败者。他们距离成功有的远，有的近，有的甚至只差一步。但他们停下来了，学习停止了，在没有充分学会的时候，学习停止了。这样，当时认为学会的知识，其实根本就没有掌握，考试的时候考不出来就是自然而然的事情了。

（2）没看清题意马上做。

学生很多时候看到题目，没有仔细审题，而是急于动手，所以经常出现题目看不清，条件没有看全就开始做题。这种情况做对的可能性就很小。等到题目做错了，才恍然大悟——原来有个条件没看清楚！

就拿你的表姐朵朵来说吧，她原本数学不错，可以考得接近满分，在高考之后，她信心满满，觉得起码 140 分以上，可一对答案后，她大惊失色，两道大题目，明明都会做的，却因为条件没看清，从头错到尾，足足扣了 20 分，真令她捶胸顿足。当然，她碍于面子，在你我面前，还是表现得很淡定。

因此，学生拿到题目的时候，首先要有一个平静的心态，不要急着做题，而是要先把题目看清楚再做。例如：这个题目考什么知识点？给出的直接条件是不是能够解出题目？有什么隐含条件？还需要什么条件才能解出问题，等等。

唯有如此，才能正确把握题意。

（3）做完题目不检查。

很多学生总是急匆匆地把题目做完就交上去了，让他检查，他就根本检查不下去，有些很明显的问题，本来应该一眼就可以看出来，但他盯着看半天都看不出来。学习不理想最重要的原因是浮躁。不检查就上交是浮躁最典型的表现之一。学生做完题目后，耐心已经达到极点，最想的事情就是赶紧交上去万事大吉。这种浮躁心态是学习的大敌,如果不彻底解决，学习永远不会好。

（4）将错误归因于粗心。

拿到作业本,或是试卷,看到红色的叉叉,认真一看,原来是这里错了。

“唉，我真是太粗心了！”

于是以一句“下不为例”，轻描淡写地就过去了。

而我与许多学生家长接触时，发现他们也时常说：“孩子脑子很好，就是太粗心。”但这不过是个美丽的借口，让人自我安慰，甚至自我麻痹。

因为许多错误，不是因为粗心，而是因为基础知识不扎实、做题能力不高或者学习态度不认真。而一旦将错误归因于粗心，那就不会再认真分析做错试题的真正原因，进步也无从谈起。所以，我们决不能用粗心掩盖学习上的深层次问题。

面对考试，面对决定命运的高考，我们应该迅速抛掉学习上的浮躁情绪，把心沉下去，让情绪稳定下来，让生活简单起来，全神贯注于知识的落实与能力的提高。

二、用投入来战胜浮躁

画家陈丹青给导演贾樟柯的书《贾想》写序，最末一段让我动心。

有年轻人问："谁能救救我们？"我的回答可能会让年轻人不舒服：这是奴才的思维。永远不要等着谁来救我们。每个人应该自己救自己，从小救起来。什么叫作救自己呢？以我的理解，就是忠实自己的感觉，认真做每一件事，不要烦，不要放弃，不要敷衍。哪怕写文章时标点符号弄清楚，不要有错别字——这就是我所谓的自己救自己。我们都得一步一步救自己，我靠的是一笔一笔地画画，贾樟柯靠的是一寸一寸的胶片。

在我看来，他所说的"一笔一笔地画画""一寸一寸的胶片"，这和我一字一字地写作，你一道一道地解题一样，都是投入，不浮躁。等你读了大学，有更多时间追逐梦想，更要一点一点积累，一本一本地看书，一篇一篇地写作，渐渐火候到了，你自然能发现视野越来越开阔，而现在纠缠着年轻人的房子、车子等问题，都会迎刃而解。

听到房子和车子，杨略忽然插嘴了。

"爸爸，就现在这样的房价，年轻人就算再投入，再不浮躁，也不可能买得起啊？"

"这也是实情。房价的确不合理，不过，真的勇士不会整日抱怨。我给你看一篇小文章，是我的学生郝笑笑发在微信朋友圈里的。"

杨略接过爸爸的手机，一行行地看下去。

付完定金后，我们在杭州凭借自身努力买的第一套房也就基本落实了，不免很是感慨。记得五年前，我大四，刚去保险公司工作，有一顿没一顿，和老公租一套每月一千元的房子都觉奢侈。但我们每天专注于追求自我成长，不在乎暂时的收入高低，只看重未来发展和自我积累。不知不觉中，我们突然发现有实力可以买房了。虽然房子不大，也算是在杭州有一个属于自己的窝了。刚毕业时，觉得杭州的房价是天价，如今也没下降。只是我们长大了，这个过程不算短，也不算长，足足五年。下一个五年，我会把更多的时间用于提升自己，服务客户和团队，照顾家庭，因为所有的一切都是这些贵人和我最亲爱的老公给予我的！感谢上苍，曾经的苦难都是考验，曾经的挫折都是奖励，他爱我们，总是以另一种形式出现。

文字很朴实，两个26岁的年轻人，不靠父母，通过努力奋斗，用五年时间，就积攒了四五十万，付了房子的首付，这的确是让人钦佩的。

“你这个学生可真能干！”

爸爸点点头，继续开始了自己的授课。

略略，我对郝笑笑了解甚深。她生在安徽淮北，父母皆务农，愿望也朴实，就希望女儿大学毕业后，找份稳定工作，过平静祥和的日子。而保险业，没有底薪，收入全凭业绩，算是最不稳定的行当了。所以郝笑笑刚参加工作时，不敢告诉父母实情，而只是说，她在报社工作，收入不错，同事和睦，工作轻松，非常稳定。

可她的真实生活呢，却过得十分艰辛。有时甚至吃不上饭，就故意在饭点时拜访客户，顺便蹭上一顿。每次爸妈打电话来问工作，她总要编上一堆谎言，说什么领导很好啦，同事很帮忙啦，稿件发表并且获奖啦……挂上电话时，她不免泪流满面。

尽管如此，她深信保险的意义是帮人未雨绸缪，也知道保险业的发展前景，所以矢志不移，专注工作五年，不知不觉间，仅靠自己和丈夫的积蓄，就在杭州买下单价2.5万元、总价130多万元的房子，这算是个小奇迹，让许多望楼兴叹、怨天尤人之辈汗颜不已。而直到这时，父母才知道，原来她一直在做保险，看到她那样乖巧，做事又用心，职位也不断升迁，心里无比感动，不免流下欣慰的泪水。

而我从她的描述中，看不到自傲，而只是执着。她投入地工作，拜访一个又一个客户，经历各种心酸，渐渐赢得信任，收获签单，并成立工作室，不急不躁，一路品尝着成长的艰辛与快乐，不知不觉间，月入就过了

3万，不知不觉间，积蓄就可以承担买房的首付。

我说："你工作这么几年，就能买房，的确能干。"

她说："其实我觉得，虽然房价很高，但只要收入增长超过房价增长的速度，再经过时间的积累，还是没问题的。那些叫着买不起的，都是刚毕业时选择了轻松的工作，工作时又不够努力，不再学习成长，工作几年工资都不变。我身边有很多外地人，事业都发展得很好，并且买房买车结婚生子。"

我赞同："是的，刚毕业就想要钱多活少离家近，面对房价满腹抱怨，不努力而想一步登天，所以浮躁又没成果。"

她感叹："我现在越来越觉得快就是慢，慢就是快。"

略略，看到这里，你会不会觉得有些离题：怎么不说读书的事儿了？其实，我一直觉得读书只是成长的一方面，过于急躁冒进，不过是拔苗助长，不仅于成绩无所裨益，对成长更是不利。

我对你的建议是，戒除浮躁，制订学习计划，按部就班，不急不忙，专注地各个击破，品味一个个"心流"时刻。

三、用"心流"促进高效学习

关于"心流"，我们以前在谈专注力时也谈过。现在我想再补充几句。你很熟悉《庖丁解牛》这篇文章，其中就有着美妙的"心流"时刻。

首先是庖丁的解牛表演。

庖丁为文惠君解牛，手之所触，肩之所倚，足之所履，膝之所踦，砉然响然，奏刀騞然，莫不中音。合于《桑林》之舞，乃中《经首》之会。

（厨师为文惠王宰牛，手之所触，肩之所靠，脚之所踩，膝之所抵，哗哗作响，进刀时霍霍地，无不合乎音律。既合《桑林》舞乐的节拍，又合《经首》乐曲的节奏。）

庖丁的宰牛技术上升到舞蹈艺术，物我两忘、幸福酣畅，实在令人叹为观止。他宰牛结束时，"提刀而立，为之四顾，为之踌躇满志，善刀而藏之"，真是潇洒从容、顾盼自雄。他从宰牛这种低贱的工作中，获得人生的大快乐。

后来，这篇文章漂洋过海，来到美国，被著名心理学家希斯赞特米哈伊看到，不由击节称赞，认为庖丁幸福酣畅的体验是人类所追求的真正幸福的体验。

他经研究后提出，人类最快乐的状态，是专注地融入某件自己喜欢的事，全力以赴、尽情发挥，完全忘记其他所有不相关的存在，这时内心会感到很自然、很轻松，他把这种体验称为“心流”（flow）。

“心流”产生时会有高度的兴奋及充实感，并且能促进我们的学业发展、心理成长，因此这种“心流”的体验越多，我们就拥有更健康茁壮的心灵，也越觉得快乐。

那么，什么时候我们最容易得到“心流”呢？越来越多的积极心理学研究发现，大吃大喝、坐享其成、沉醉网游都不能。

万科集团原董事长王石说过：“只要喜欢上登山，就会上瘾，不登就会非常难受。虽然说目标是登顶，但其实体验的是过程。”他登顶七大洲最高峰，徒步到达南极和北极，是全球为数不超过十人的“7+2”探险活动完成者之一。登山已成为他的一种生活状态，让他觉得生活更有意义。每当从高海拔的山上下来，他形容自己感觉好极了，浑身血管脉络非常舒畅，人非常轻盈，仿佛透明一般。

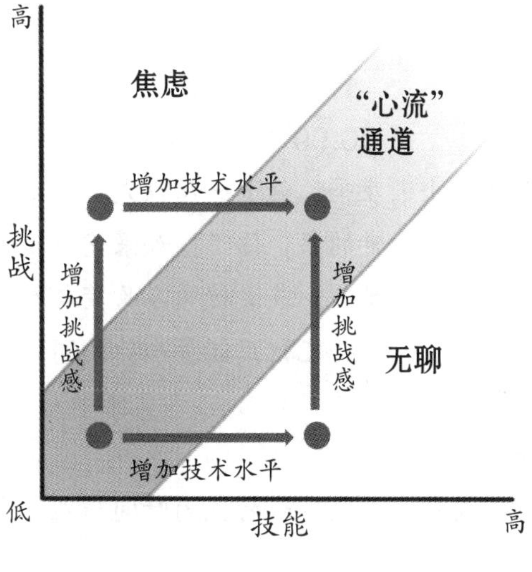

可见，在学习、工作、生活等方面，有具体目标，有挑战性，有及时回馈，才带给我们“心流”体验。

如果学习中有更多的“心流”体验，我们会更多地感受到思维、创作过程本身的美，也会滋长出内在的兴趣。

那么，我们怎样创造“心流”时刻呢？

四、心灵体操：创造“心流”时刻

第一，制定目标。

目标一定要切合实际，不能好高骛远，同时还要清晰可视。我看过你的每日任务表，由于你的急躁，所以任务安排得太多，难以完成，这会极大损害你的积极性，并且使你变得更为浮躁。你要安排合理的任务，剔除杂念，专心致志，身心合一，沉浸于学习之中，获得宁静和愉悦。

第二，自我奖励。

我们常会遇到这种情况，刚开始做事时很有新鲜感，但是目标太遥远，感受不到进步，又容易受周围环境的影响，慢慢地也就开始懈怠了。

如果我们写一本书，当你写完一千字，完成今天的任务，可是距离整本书20万字，还有遥远的距离，于是我们容易焦急、恐慌，觉得写完全书遥不可及，这也会损害我们的耐心。这时，我们要自我奖励，告诉自己，又向目标迈进了一步。看看下面的公式，每天进步一点点，用了一年的时间，肯定焕然一新。

$$1.01^{365}=37.8$$

$$0.99^{365}=0.03$$

你能小看每天的小小进步吗？创造一些仪式，奖励自己吧。我是每次有进步，就给自己买一本心爱的书。你呢？如果完成了每日任务，可以写则微信告知大家，接受众人赞美，或者把学习收获与人交流，这都能给你及时的反馈。如果你这样做，将能把正能量向你的同学辐射，形成一个积极进取的“小环境”。

第三，排除干扰。

深入思考往往需要有一整段不受打扰的时间，在日常生活中，常常有闲事打扰（例如看手机、QQ 聊天），看起来没花多少时间，但一整块可供思考的时间变得零碎了，注意力来回地切换无形中也要耗费大量的精力。战场上炮火连天，硝烟弥漫，瞬息万变。而指挥者总是表情沉静，不慌不乱，判断着战局，考虑着部署。不管环境多么嘈杂，当我进入阅读时，对周围的一切因素置若罔闻，用一颗沉静的心灵，攻克每一道难题。

第四，张弛有度。

许多同学学习、休息节奏不分明，最终导致效率低下。所以你要做的，就是在短时间内一下把注意力集中，高效率地学习。要训练自己："迅疾如风，侵掠如火，不动如山。"这样才能使自己的专注力越来越强。

在学习中，我们要善用"心流"体验，从而更多地感受到思维、学习过程本身的美，滋长出学习的内在兴趣，帮助我们发展高超技巧，并自信昂扬地向高难度任务挑战。因为不论做什么事，若能获得"心流"，都是最为快乐的时刻。

今天的课就先上到这里吧。

杨略听完了课，不禁深感惭愧。对于"心流"，他是懂的，也曾有过体验，但最近却远离了这种快乐，先是悲观厌世，再是贪功冒进，都与快乐无缘。

其实，浮躁的远不止他一人。

陈子轩自从认识了夏大明，就时常随他出去。夏大明也仗义，当他是哥们，吃饭，聊天，那是常有的事儿。而且每次出去，他都是开一辆奥迪轿车，吃饭的地方虽说不太上档次，但对于少不更事的陈子轩，这已经是极大的优待了。

这一天是周末，夏大明又叫陈子轩吃饭。饭桌上，他忽然说，一会儿要去看看新房，顺便带他一起去。据他自己说，近年房价暴涨，他靠创业挣了钱，立刻买了房，目前已有两处房产。

"买了就赚，这边靠近大学城，以后肯定是黄金地段。"他手握方向盘，不无得意地说。而陈子轩只有点头艳羡膜拜的份儿。在他看来，买房，简直是遥不可及的事情。

半小时后，车子驶进一个门厅豪华的小区。一个高大的凯旋门，两边保安密切注视。里面有别墅、小排楼、高楼，错落有致，墙面乳白，纵横几道天蓝。楼距很宽，留着车道和草坪。房前都栽着桂树，路边停着私家车。小区中间又开辟一块绿地，青草茂盛。边上整齐地放着几只石鼓，两侧雕着狮头，黑苔斑斑，有的略有破损，竟是有年头的古物。一口池塘里，立着一股喷泉。

车子在一幢楼下停住。夏大明开启厚重的防盗门。房子还没装修，但看得出来，里面很宽敞，估计有 150 平方米。站在阳台上，可以看见楼下的游泳池，正蓄着蓝蓝的一池碧水。

什么时候自己也能有这样的一套房子呢？陈子轩又开始幻想了。他喜欢这样，放任幻想的马儿撒蹄奔驰。是的，凭借他的绘画功底，肯定会匠心独运，自己设计图纸，把家装点得简洁明快，温馨和谐。

书房是静穆的，黑白亮色，书架里摆满各类书籍，整齐庄严。白色墙面上，挂一幅行云流水的书法，可以让你安静思考写作。客厅是典雅的、舒展的，适合好友三五，高谈阔论。厨房要清新，绘着香蕉苹果，一看就胃口大开。卧室呢，要格外温馨，橘红色的灯光和墙面。房子最好是在顶楼，这样屋顶开个天窗，白天可以看见流云，晚上可以看见星月。他将拥着心爱的妻子，共享柔情与快乐。

妻子？陈子轩心里一荡。多么亲切的称谓，适合精心呵护。自然的，他想到了储旭亮。可那样亲密可心的日子，何时才能到来呢？

陈子轩曾想过，就算努力读书，凭自己的成绩，顶多上个二本。等到毕业，找一份工作，然后就得买房。毕竟，谁愿意嫁给没有房子的男人呢？凭借他的家底，买房谈何容易。

他往后的日子得这样安排。先是买房，首付就得一大笔钱，外加装修啊电器啊什么啊，又得许多钱。父母是指望不上了。这笔钱哪，全得他自己支付。屈指一算，工薪阶层的薪水，还房贷也免不了花几十年。怎么办呢？日子怎么过？算计着过呗，省吃俭用，粗茶淡饭，好不容易还完贷款，该松口气了吧，孩子就到十几岁了，正是最花钱的时候。个子噌噌地长，学费也噌噌地长，能不精心培养他吗？

所以接下来的日子，他就得为孩子活着。培养他读书，要考重点学校，读不了重点小学、重点中学，很难考上重点大学。考不上重点大学，孩子就得另谋出路。要是孩子乖巧懂事，那倒也罢了。花钱花得心里也舒坦。最怕的就是孩子不长进，上课调皮捣蛋，下课四处撒野，隔三岔五的有老师家长铁青着脸来举报。在孩子面前，他还得想方设法地教育。

这些还不算烦心的。手头总是那么紧。他靠画漫画，估计挣不来几个钱，哪里够花呢？除非画出名堂，还能挣些钱。唉，出名谈何容易啊。那怎么办呢？只能什么来钱干什么，眼珠子都掉钱窟窿眼儿里了，恨不能买彩票中个五百万。那时候啊，看人家大把大把地捞钱，心里还真不是滋味。什么理想啊梦想啊，在现实面前统统完蛋。

好不容易孩子长大了，成家立业了，可以自力更生了，自己呢，一晃也年过半百，最好的时间都付诸东流了。奔波奔得一身是病，赚钱赚得利欲熏心，纵然清闲下来，内心浑浊，他还能享受什么？还有心情拥抱同样年过半百、满脸褶子的老妻，一起看日升月落？

陈子轩想着想着就有些心灰意冷，这日子过着有什么劲呢？

还是得创业吧，早点创业，早点挣钱，说不定，还可以在 25 岁时，也像夏大明一样，有两套房子，有大笔存款，然后安心地作画，发展他的事业，也带心爱的人四处旅行。

可是，怎样才能做到呢？

他站在窗口，心里五味杂陈。开始下雨了，游泳池被打出许多圆点，涟漪纷纷扩散开去。圆点太多了，涟漪就相互交错，激荡，一片杂乱无章，池水像条着了怒鞭的鱼，鳞片散乱。

他的心思也乱了。

第六章

世间有许多人在成就中品尝到快乐，并焕发了更旺盛的斗志、更澎湃的激情，进而获得了更高的成就。但对成就的过分追求，也容易让心灵失衡，忘却自己真心想要的，而只顾盲目攀比。所以，我们必须战胜过度的成就欲望，不要让盲目攀比侵蚀我们的幸福。

周末放了两天假，即便是高三，学校也不安排课程，但学生们大都自觉选择留校。只有少数几个人选择了休假。其一是楚当当，她是艺术生，而且已经通过艺考，文化课要求不高，所以颇显自在，让同学们极为羡慕。

另一个是陶坷坷，他要去托福班做最后冲刺。这是让同学们又嫉妒又佩服的。嫉妒的是，他含着金钥匙出生，成绩虽不太好，却可以选择出国深造，日后做父亲的接班人。而佩服的是，这位少爷养尊处优，懒散多年，如今却胸怀大志，不屑于花父亲的钱，想自己申请国外名校奖学金，所以正在马不停蹄，用一年工夫，补三年课程。同学们都说："看人家'高富帅'都这么用功，咱们这些布衣出身还有什么理由不玩命啊！"

还有一个缺席的，则是陈子轩。这倒是怪事，因为他是最没有理由放松的。他在高二时荒废过一段光阴，高三幡然醒悟，拼了几个月的命，排名也前移了，漫画作品也发表了，照理说，就该乘胜追击。然而，他居然也放假了。颇有一些同学私下里评论，说他毕竟松散惯了，基础太差，难做持久战。说这话时，同学们是有些幸灾乐祸的。高三了嘛，同学们既是战友，也是竞争对手。

葛怡从这学期开始，也申请了住校。尽管她家并不远，骑自行车也就十几分钟的事儿，但她说寝室里更有学习氛围。不过一个休息天，她还是被她妈妈叫回去了。妈妈有个朋友的孩子，去年考上了双一流大学，可以给她辅导一下。

"唉，也不知道妈妈哪儿认识这么多人。"

葛怡骑着自行车，一路抱怨着。请同辈来辅导，这当然是好事，但次数一多，葛怡也觉麻烦。因为学习之道，各有章法，尖子生们当然熠熠生辉，可他们的方法，毕竟不能拿来就用，听多了就觉无所适从。或许，葛怡妈妈用意不在于此，她只是想立一些标杆，给葛怡压力。在她看来，女儿还是不够优秀。而不优秀的原因，就是志向不够高，勤奋不到位，需要有人现身说法，刺激刺激她。

到了张生记饭店，妈妈迎出来。她面容姣好，保养得细致白净，穿乳白色收腰的小西装，扎一条宝蓝色丝质围巾，下面是一条米白色绣银花纹的短裙，真是典雅大方。与她相比，葛怡尽管天生丽质，但到底少了几分韵味。

“葛怡，才来啊。路上冷不冷？”妈妈一把拉住女儿的手，就往包厢里走，“今天来的是你王阿姨，还有她儿子朱宇文，人家考上名校了，好好向人家学学。”

葛怡答应着，心里却有被逼相亲的感觉，实在有几分别扭。走进包厢，里面的两个人都站起来。

“呀，葛怡都这么大了。哎呀，你瞧瞧，真是亭亭玉立，和你妈妈年轻时一模一样。”王阿姨是个肥脸粗腰的中年妇女，说话是极热情的。

旁边站着一个瘦高的男生，戴眼镜，白净的瓜子脸，看到葛怡清丽的模样，居然呆在那儿，一声也不言语。

“宇文，这是葛怡，忘了，你们小时候还一起玩儿呢。”他妈妈似乎有些尴尬，“瞧我这孩子，没见过世面，见笑了。宇文，你们俩坐一块儿，好好聊聊学习。”

朱宇文连脖子都红了，坐下去后，再不知该说些什么，只是局促地绞着手指。葛怡看他比自己还紧张，倒也有些好笑，但也找不出话题来。她这次来，本就没什么求知欲。

葛怡妈妈看出了他们的处境，就说：“宇文，你给葛怡说说，你高考前那一百天，都是怎么复习的。”

朱宇文得了命令，就一五一十地说起来。他用的什么资料啊，学习时间的安排啊，做题的技巧啊。声音细微，又不太敢看葛怡，所以像是在自言自语。葛怡听了个模模糊糊，只是偶尔点点头，假装听出了心得，但内心是更为失落了。

“有这时间，还不如去做几道题呢。”

她想着，就开始大口地吃菜，想尽快结束这场取经会。但毕竟要避免场面冷落，她就问：“你读什么专业？”

“外贸。”

“喜欢吗？”

朱宇文迟疑了一下，看了一眼妈妈，慎重地说：“这个专业前景很好。”

这个回答，并不出乎葛怡的意料。大多数人都是这样的观点，选专业看前途，不看兴趣。

“那你毕业以后想做什么？”

“出国。”

“出完国呢？”

朱宇文嗫嚅了半天，却没响应，最后老实地说：“我还没想过。”

于是，辅导课的师生颠倒了。朱宇文这个“老师”倒被考问了一番，而葛怡呢，无端地逞了一回口舌之能，心里隐隐有些得意。

但双方的妈妈却有些尴尬了。

朱宇文妈妈说：“我们文文还小呢，等出国了，再考虑以后做什么吧。”她甚至摸了摸朱宇文的头顶，当他是个宠物。

葛怡妈妈就坡下驴，把一块五花肉夹到他的碗里。

“就是，车到山前必有路，我们宇文是高才生，前途无量！”

但谈话毕竟是不愉快了。于是两个妈妈还在聊天，两个小孩却在闷闷地吃饭。到了一点钟，朱宇文和他妈妈要去扫墓，就先走了。葛怡妈妈用笑脸送走客人后，就在葛怡面前拉下了脸。

“瞧你，好不容易请了个好老师，给你现身说法，你倒好，还不给人家面子。”

“妈，你瞧他那样，会有出息吗？”

“都考上双一流了，还能没出息？”

“考双一流就一定有出息吗？我看他，没目标，不独立，估计是为考大学而考大学，为出国而出国，但他到底要什么，肯定是没想过。说不定啊，以后工作还得他妈妈安排呢。”

“能安排，有什么不好的。你都不知道现在找工作有多难。听我的，葛怡，你要学就学金融、学经济，以后接我的班。”葛怡妈妈是银行支行行长，能为葛怡创造良好的就业机会。

“可我对金融没兴趣。”

“一天到晚兴趣兴趣，兴趣能当饭吃？”

这样的对话，以前也进行过许多遍了。葛怡志在教育，而她妈妈认为，教书匠没什么出息，银行业才有前途。

这次葛怡无心争辩，就低声地问道："妈妈，你要我用功，然后学金融，图什么呀？"

"你这孩子，怎么说这糊涂话？是不是网上那些乱七八糟的思想影响了？什么男怕入错行，女怕嫁错郎。我告诉你，女孩子要想活得好，有尊严，就必须入对行，要自立。自立，懂吗？就不能靠男人。唉，我都懒得说你爸了。反正一句话，你一定要做得最好，明白吗？"

"也就是要做得像你一样好，对吗？"

"葛怡，妈妈现在是支行行长，以后呢，你来接我班，再当分行行长，最好当上总行行长，青出于蓝嘛。哈哈。人啊，就得有点志向！"

说到这儿，妈妈又开始感慨起来。

"唉，我是被你爸耽误了。想当年搞对象的时候，我觉得你爸这人虽说出生于农村，但凭借自己用功考上大学，很上进，人也老实，就跟了他。谁知道呢，他就是个死脑筋，做了个清水衙门的处长，就不思进取了，整天是无所事事，就干点不出政绩的事儿。我想要发展，就全得靠自己，可惜耽误了很多年，现在是力不从心了。所以啊，这不就指望你延续我的事业了吗？"

这些事情，葛怡不知听了多少遍。爸妈吵架时，会拿这话来说事。妈妈教育她时，也会拿爸爸当反面典型。以前她总觉得妈妈能干，盛气凌人。爸爸窝囊，不过很体贴，所以葛怡既同情爸爸，也喜欢爸爸，总愿站在爸爸那头。然而这次，她忽然觉得妈妈其实很可怜。

"妈，你过得开心吗？"

"开心？"妈妈愣了一愣，似乎在反问，也似乎在回味。

"是啊，妈，你这么能干，是个典型的女强人，可是你开心吗？"

"应该……是开心的吧。"

葛怡看着妈妈，很想把一件天大的秘密告诉她，然而话到嘴边，却又咽了回去。因为她不敢想象，这个秘密一旦说出，会引发怎样的大爆炸。

两天的休息时间转瞬即逝。楚当当回来了，陶坷坷回来了，可陈子轩却没有回来。星期一的上午，欧阳老师看着那个空位，像是牙床上少了一颗牙齿，心里总有些别扭。

“陈子轩呢？”

同学们都摇头。欧阳老师要赶进度，分析之前的语文试卷，下课时年级组又开会，就匆匆走了，没有多问陈子轩的事。但到了下午，他照例来教室巡视，却发现陈子轩还没出现，就有些着急，找到陈子轩的几个室友来询问。

大家都开始回忆，一时有些七嘴八舌。

“今天没见过他。”

“昨天晚上他也没在寝室睡。”

“那你们知道他去哪儿了吗？”欧阳老师的心沉了下去。

“不知道，手机不接，短信没回。”单昀是班长，兼寝室长，昨天看陈子轩没来，就主动联系过了。

“那依你们看，他会去哪儿呢？”

曾泉说：“可能还在家吧。”

“估计又是去网吧了。”单昀对陈子轩没有好印象。而这种推测也是有道理的，陈子轩曾一度迷恋于网吧，还差点把曾泉也拉下水。

“不至于吧，他都改邪归正了。”曾泉说这话，也是为自己辩解，“他的作品在《绘心》上发表了，会不会是去参加什么活动？”

“没听说啊。要照他的德行，有这好事，还能憋在心里，能不到处宣扬？”单昀对他知之甚深。

大家一听，都纷纷点头。以往，陈子轩是最张扬不过的。他偶尔买件名牌衣服，恨不能把商标贴在脑门上。画作一完成，就必然拍照，发微信朋友圈，让大家来点赞膜拜。那次漫画发表，弄得全校皆知，也有赖于他的传播能力。

杨略说：“最近陈子轩的确有些不太正常。”

“怎么个不正常？”

杨略还没说呢，单昀和曾泉就絮絮叨叨，说起了陈子轩最近的举动，说他一有空就往外跑，时常去听讲座，听完就兴奋异常，跟打了鸡血似的，口口声声说应试教育不行，读书也没用之类的话。

“是什么讲座？”

曾泉说：“大概是成功人士的讲座，谈创业，谈挣钱。对了，地点就在旁边的理工学院。”

“成功人士？他们都谈什么？”

“陈子轩想拉我们去听，我们一直没空去，所以也不太清楚。听他说，大概就是白手起家，人生逆袭什么的。”

“坏了，”欧阳老师脸色一变，“可能是传销。”

“传销？就是骗亲戚，骗朋友的传销？”杨略时常听爸爸说起传销的危害。

“很可能是。我之前听说了，他们借着讲座的名义，在大学生中发展成员，然后四处拉人入伙，一拉二，二拉四。这些人要入伙，都得买公司的产品，而这笔钱就被他的上线层层瓜分了。结果呢，越是等级高的人，收获越大，而底层的人为了生存，明知受骗，也必须去骗人入伙。但骗人能有这么容易吗？许多搞传销的都被弄得人见人厌，倾家荡产。”

曾泉这下也领悟了。

“也就是说，他们根本不是卖产品，而是靠拉人来挣钱。”

单昀也提供了一条佐证。

“难怪他前几天偷偷地打电话，我刚好经过，就听了一耳朵。他是打给亲戚的，说是要借钱，参加什么高考辅导班，数目还挺大，有个两三千。我当时还奇怪，整天在学校，哪有时间去辅导班。现在一想，他会不会就是拿这个钱去搞传销？”

欧阳老师越想越不安。

“我们先问问他家人，还有亲戚朋友，看陈子轩在不在。”

欧阳老师打了一圈电话，却都没有。陈子轩的爸爸也着急了，四处去打听，也没人看到陈子轩。只有陈子轩的叔叔说，前几天陈子轩向他借了笔钱，然后就再无音信。陈爸爸着急了，就要赶到学校来。

一个下午的忙活，欧阳老师获得的信息仅限于此。到了四点钟，他把杨略、单昀、曾泉，还有几个班干部叫到办公室，一脸焦灼地说：“估计陈子轩很有可能进了传销的窝子了。一般传销骗人，先通过讲座或个人交流，再把人拉到某个偏僻的地方去，用几天时间进行宣传、教育，俗称洗脑。一般人经过七天时间，肯定对组织服服帖帖了。陈子轩消失了三天，估计还有救。你们赶紧和他联系，说明传销的本质和危害，打电话、发短信，什么微博微信人人网，能用的全用上。我呢，赶紧找保卫处，然后报警去。”

欧阳老师交代完毕，急匆匆走了。杨略三人赶紧掏出手机，给陈子轩打电话、发短信，却都没有回应。

“怎么办？”

杨略说：“他不肯接电话，或是不能接电话。我先查一些资料，写一篇关于传销真相的文字，通过微信、QQ发过去。他只要一看到，就全都明白了。”

他们这样做了，可是依然毫无音讯。陈子轩似乎凭空消失了。曾泉说起了传销窝子的种种恐怖传闻，说那里形同监牢，大家精神狂热，互相监控，只要进去，都会着魔，成为奴才，劝都劝不回来。

“陈子轩这么个聪明人，应该不会被骗吧。”单昀到底还心存侥幸。

“聪明人？搞传销的人都很邪乎，有点像邪教组织，懂心理学，专能忽悠人，据说有不少大学教授都被骗进去了。”

有了曾大嘴，这消息很快都风传全校。大家都在起劲地议论，有些陈子轩的粉丝很是着急，纷纷要求去解救。自然，也有些人在嘲笑：“瞧，六班又出事了，刚出了神经病，又有人卷入传销了。这回可热闹喽！”

这种言论让六班的同学极为愤怒，而且空前地团结了。他们自发地搜集信息，联系各地网友，通过各种渠道，把寻人启事散发了出去，但到底找不到一条有用的信息。而警方也一时没有回应。

这样又过了一天，陈子轩深陷贼窝，已经是第五天了。用欧阳老师的话说，这会儿陈子轩的脑子应该被洗得差不多了。大家情绪都低落下去，想到了陈子轩的诙谐，还有他的才情。而其余的种种劣迹，都被大家原谅了。

这件事情闹得沸沸扬扬，杨略也早通过电话，把这事告诉了爸爸。爸爸对传销的内幕是极为了解的。

“这些传销公司利用了人性的弱点，迎合他们希望一夜暴富、出人头地的心理，同时通过宣扬一种吃苦耐劳的精神，树立一些成功人士的光辉形象，让人陷入其中难以自拔。陈子轩是想一夜暴富的人吗？”

“他家挺穷啊，不过以前不愿承认，硬是装成了富二代。”

“这说明他内心是自卑的，想要通过取得成就，改变命运。”

“可这不是上进心的表现吗？”

“他太性急了，难免被人利用。”

“爸爸，我有一个疑问，传销公司为什么能蛊惑人心，他们宣扬的成功学，和你所说的励志言论又有什么区别？”

“区别就在于，我懂得什么才是人生真正的成就，而他们只鼓吹有钱就是成就。”

“那你认为，人生真正的成就是什么？”

“我写信告诉你。”

很快，杨略收到了爸爸的来信，所谈的，也正是关于成就与快乐，还有成就的陷阱之类的内容。

第六课　用激情持续获得成就

亲爱的杨略：

今天下了雨，我不外出了，就坐在阳台上看看景，翻翻书。今天拿在手里的是《骆驼祥子》。这书也不知翻过几遍了，但还觉得精彩，有味儿，耐得住咀嚼。你也知道，祥子本是个乡下小伙儿，来城里卖傻力气的，心眼儿实在、身板儿结实，就想要自己买上一辆洋车，让日子一天天殷实起来。有了这个目标，他玩命儿地攒钱，舍不得吃，舍不得穿，生病也舍不得吃药，用了三年光景，终于存下一百块大洋，买下了一辆真正属于他自个儿的洋车。他拿到车时的场景是极为感人的，来看看老舍先生的生花妙笔吧。

祥子的手哆嗦得更厉害了，揣着保单，拉起车，几乎要哭出来。拉到个僻静地方，细细端详自己的车，在漆板上试着照照自己的脸！越看越可爱，就是那不尽合自己的理想的地方也都可以原谅了，因为已经是自己的车了。把车看得似乎暂时可以休息会儿了，他坐上了水簸箕的新脚垫儿上，看着车把上的发亮的黄铜喇叭。他忽然想起来，今年是二十二岁。因为父母死得早，他忘了生日是在哪一天。自从到城里来，他没过一次生日。好吧，今天买上了新车，就算是生日吧，人的也是车的，好记，而且车既是自己的心血，简直没什么不可以把人和车算在一块的地方。

买车，对于祥子而言，简直是一次新生。那辆新车，明晃晃、新崭崭，就是他取得的成就，是人生的里程碑，也是快乐的源泉。拉上洋车，他的生活就有了奔头，日子就有滋有味了。看到这里，我们谁能不为祥子高兴，而且感动呢。

其实，我也有过这样的时刻。当初读完大学，在陌生的城市里工作，也没什么背景，什么都得自个儿慢慢争取。看人家有车了，有房了，心里也着急，可每个月工资就那么仨瓜俩枣，应付完吃喝住行，就剩不下什么了。幸好当时还年轻，肯吃苦，又过了些年，存折上的钱不少了，就买了小小的一套房子。费心装修了一下，买了些家具，刚搬进去时，心里那个踏实啊，拍拍墙壁，摸摸沙发，和祥子一样，我几乎要哭出来，觉得多年的辛苦有了回报，终于在城里也有个家了。过了两年，手头宽裕，又买了辆车。当时汽车稀少，我开进开出时，脸上颇感荣光。尤其是开回老家，隔壁邻居都围拢来看，我心里是得意的。虽然你会说这是虚荣心作祟，买房买车是活给别人看，其实事情没这么简单。

回想一下，你初中时学习不太用心，做作业拖拖拉拉，总没个爽快的时候，成绩自然一般。但初二的那个暑假，你收到了我的信，忽然换了个人似的，唰唰地就写完了作业。开学后来到学校，大家都在哀叹作业没写完，你呢，忽然掏出作业本，在大伙儿的面前一晃，亮瞎了他们的眼睛。那时候，你的内心肯定充满了快乐吧。它像是一个里程碑，对过去做了总结，又开启了更好的未来。此后，你越发用心，一点点进步。每一次的进步，就像一个小台阶，让你在成就感中不断进取。尤其是当你和我共同写成一本书，并且大受欢迎以后，你终于摆脱了以往的自我怀疑和自暴自弃，变得目标远大，信心满满，觉得此生必然会有所成就。这让你时刻精神抖擞，热爱生活。

所以，成就也是快乐的源头。

一、生命需要激情

我很喜欢塞缪尔·厄尔曼的短文《青春》。因为此文铿锵有力，振聋发聩，因此风行于世，激励了无数人。而我每次阅读，也觉血脉偾张，不愿蹉跎岁月，要奋发进取，体现人生价值。

青春不是年华，而是心境；青春不是桃面、丹唇、柔膝，而是深沉的意志、恢宏的想象、炽热的感情；青春是生命的深泉在涌流。青春气贯长虹，勇锐盖过怯弱，进取压倒苟安。如此锐气，二十后生有之，六旬男子则更多见。年岁有加，并非垂老；理想丢弃，方堕暮年。岁月悠悠，衰微只及肌肤；热忱抛却，颓唐心至灵魂。忧烦、惶恐、丧失自信，定使心灵扭曲，意气如灰。

失去进取之心，"锐气便被冰雪覆盖，玩世不恭、自暴自弃油然而生，即便年方二十，实已垂垂老矣"。因为每一天，每一刻，我们的内心都翻涌着无数的念头，滔滔汩汩，永无宁日，用庄子的话说，就是"心驰"。佛家的禅修，就是眼观鼻，鼻观心，专注于一点，比如呼吸，天长日久，就让"心驰"逐渐平息，于是青灯古佛，四大皆空。这自然是极好的，但对付这"心驰"，除了平息，还可疏导。

如果我们心中有大理想，有小目标，就为"心驰"挖了一条河渠，于是激流翻腾，一路奔涌而去。我们的精神资源就被开掘，又能集合沿途的溪流，最终汇聚成大江大河，从而成就大事业。

若是没有了进取之心，心里的"心驰"四处奔逸，宛如洪水泛滥，又如杂草丛生，宝贵的精神资源就往往耗费在鸡毛蒜皮之上。

"同桌借我一块橡皮，弄丢了也不赔我，真是的。"

"他们打球，居然不叫我，真是的。"

"我一进教室，他们忽然不笑了，肯定在说我坏话，真是的。"

……

如此纠纠结结，作茧自缚，人就活得越来越琐碎，越来越没有大气象，心里被阴云笼罩，“斯亦不足畏也”。你愿意成为这样的人吗？你愿意和这样的人交往吗？

我心中的好男儿，必然是胸有大志，锐意进取，同时豪侠仗义，不拘小节，率真自然。这样的人，不一定多帅，多有钱，但必然事业有成，看上去风光霁月，磊磊落落，遇事从容不迫，时常爽朗大笑。我们谁不愿与这样的人结交呢？

略略，你渴望成为这样的人吗？

二、有了热忱，任何人都不可以小觑

世间有许多人，包括成功人士，比如约翰·洛克菲勒、安德鲁·卡内基、比尔·盖茨、沃伦·巴菲特、邵逸夫等，他们的后半生都在忙着把他们前半生积累的财富捐给科学、医药、文化和教育事业，的确创造了意义，但在前半生，他们也是为了赢而赢。他们在成就中品尝到快乐，并焕发了更旺盛的斗志、更澎湃的激情，进而获得了更高的成就。

这是一种良性循环。

因此，要想生命中充满快乐，我们需要获得成就，或者说，成功。正因为如此，塞利格曼在《持续的幸福》中，把成就归入幸福的五大元素之一。他说：“追求成就人生的人们，经常会完全投入到他们的学习和工作中，也常如饥似渴地追求快乐，并在胜利时感受到积极情绪，还有可能是为了更大的目标而战。”因为这种追求，所以乔丹不断磨砺自己的篮球技术，终于在球场上腾空飞起，成为最伟大的球员。奥运精神“更高，更快，更远”，不正是人类追求成就的写照吗？

而如何才能成功？

通过人生规划，找到自我天赋，当然是成功的捷径。但是我逐渐发现，人生规划宛如给汽车预设道路，但如果汽车自身没有发动机，则一切外力都是徒劳。

而这样的人，我们看到的还少吗？校园里，有的是不思进取、无所事事、虚掷光阴的年轻人。这样的年轻人，家庭条件越好，越是助长其好逸恶劣的陋习，于国于家于己都是无用的。人生规划对他们而言，也是毫无用处，因为放任自流的日子，是无须规划的。

近年来，常见报刊上称道民国教育的成功。钱伟长、费孝通、启功、杨振宁等，都是成长于战争时期，举国放不下一张平静的书桌，但他们何以成长为大师？而我们在和平年代，教育条件日新月异，反倒培养不出那样的人才呢？

究其原因，差别乃是主动、热忱。有了此种精神，差的条件可以克服，好的方法可以培养，经验教训可以总结，若再加上科学的人生规划，假以时日，必能成就一番事业。

否则，一切都是镜花水月、空中楼阁。

热忱是学习的动力。一个学生如果对学习失去了热忱，他不仅不能取得优异的成绩，而且难以完成学业。因为当你觉得学习是为了完成任务，是为家长、老师而学，学习就是枯燥乏味的，你的中枢神经就不会兴奋也无法高度集中，你的学习效率就会低下。当你遇到学习的困难时，你容易气馁。反之，你对学习充满热情，你全身心投入到你所学的知识中，不仅钻研它、记忆它，而且热爱它，那么即使遇到一些困难也一定会被你的满腔热情所淹没。热忱是你学习的好伙伴，它不仅能让你学得更轻松愉快，而且会大大提高你的学习效率。

“伟大的创造，”博伊尔说，“离开了热忱是无法做出的。这也正是一切伟大事物激励人心之处。离开了热忱，任何人都算不了什么；而有了热忱，任何人都不可以小觑。”

三、警惕成就的陷阱

打住！

我在为成功大唱赞歌，对此，你肯定会心存警惕，对吗？因为成功学大行其道，会让人心失去平衡。陈子轩去过的传销公司，所宣扬的也都是这种精神。

你说的没错，追求成就往往会陷入一个陷阱，那就是盲目攀比，慢慢地，就活在别人的眼光里去了，不知不觉就失去了自己的方向，陷入了对物质的狂热追求之中。

赵昱鲲在《消极时代的积极人生》中，曾有个精巧的比喻，将成就比作脂肪。他说，在远古的时候，脂肪是短缺的，我们不能随便就捕猎一头野兽。但脂肪所含的热量是食物中最多的。因此进化赋予了我们喜欢吃脂肪的本能。当来之不易的脂肪出现在面前,我们自然应该甩开腮帮子猛吃，才能更好地生存和繁衍。而到了现代，我们随时都可以吃到脂肪，若是不加节制，必然产生患高血脂、高血压、高血糖的危险。

成就也是一样。广义的“成就”,包括精神的和物质的。比如特蕾莎修女，一生行善，没什么物质成就，但其人格之高贵、事业之伟大，在我们看来，自然是成就极高。

而狭义的成就，意味着好成绩、好大学、好工作，日后获得高收入、高地位。有钱有势的人生活优越，有更营养的食物，更好的医疗条件，自己可以活得更久。况且，现在的美女不都希望嫁给高富帅吗？可见，学业有成、事业发达、家道殷实，实在是我们共同的追求。

乾隆皇帝游江南，登上镇江金山寺，远望长江有点点风帆，就问金山寺长老:“江上有多少只船？”长老回答:“只有两艘，一艘为名，一艘为利。”正所谓“天下熙熙，皆为利来；天下攘攘，皆为利往”，可见“成就”的诱惑力。

正如脂肪诱人，让人发胖，过度追求成就，也会让人心中惶惶不安。因为在罗素看来，现在让我们深感焦虑的，“并非第二天没有早餐吃，而是不能耀武扬威盖过邻人”。

还记得你二舅的房子吗？在乡下，建个房子，无疑是件大事。要是建得好，不仅住着舒服，而且脸上有光，甚至光宗耀祖。那年二舅四处打工，有了积蓄，就准备建房。因为隔壁建了四层楼，二舅不愿示弱，东拼西凑，甚至不惜偷工减料，到底也垒了四层。但耗空了积蓄，不仅无力装修内壁，连外墙的粉刷也省了。于是一副空架子闲置了两年，稍有积蓄，将一楼客厅简单装修一下，二楼的卧室只是毛坯房，放了床，摆了桌，也就入住了。至于三楼四楼，一无所用，不过是空荡荡地堆积灰尘罢了。

我看了不免叹息：他家只有三口人，儿子以后读大学，就不太会回老家，剩下他们两口子，怎么住得了四层楼。要是理智一些，盖个两层，把另外两层的钱用于装修，再弄点花花草草，不仅实用，而且美观。可惜，二舅却不这样想，因为他要攀比，要面子，却不要里子。

你二舅在乡下，能相比较的，也不过就是村里人，范围还是小的。而我们呢，随着网络的发达，可比较的人实在太多了。就算隔壁邻居里没个高官，但很难说同学中没一个飞黄腾达的；就算亲戚里都是工薪阶层，但朋友圈里，难保没个亿万富翁，更可气的是，他们还很悠闲，老是晒在世界各地旅游的照片。而我们呢，每天只是柴米油盐，一对比，差距实在太大，内心难免失落，于是乎，我们就催促自己，努力，再努力，取得更大的成就。可是渐渐地，我们比较的对象从熟人圈，扩展到了整个社会。比如我们曾经出过书，确实相当畅销，但是对比一下作家富豪榜里的那些巨头，咱们的书只是萤火之于皓月，完全不可相提并论。看人家的粉丝团，人家的号召力，我们难免会沮丧不已。唉，那种感觉真是腐蚀心灵啊。

小时候，你奶奶对我很严格，时常拿“别人家的小孩”来教育我。“别人家的小孩”从来不调皮捣蛋，长得好看，又听话，每次都考一百分，回家还帮大人干活……当时我自卑极了，甚至一度认为，你奶奶一点都不爱我，而是爱“别人家的小孩”。这种情结，一直到我考上大学才解开。我忽然发现，“别人家的小孩”并不是一个人，而是一个很大的群体。你奶奶选取了每个人的优点，来和我一个人比，我怎么比得过呢？

这就像你在学校里，同时与最帅的同学比相貌，和年级第一的同学比成绩，和家境最好的同学比出身，从而自愧不如，低估了自己的实际地位。这样的盲目攀比，让人目标迷失，内心凄惶。

但是完全戒除攀比既不可能，也没必要。因为攀比是人性的一部分，在一定意义上也能敦促我们改善生活、积极进取。但我们必须战胜过度的成就欲望，不要让盲目攀比侵蚀我们的幸福。消极情绪无助于我们提高，而只会让我们思维迟钝、目光短浅，不利于长期发展。

四、心灵体操：克服过度攀比心理

那如何才能做到这一点呢？

第一，不攀比那些不可改变的事情。比如出身、相貌、家境等，是你所不能改变的，那就不去攀比，而只能接受。接受自己，是心理健康的第一步。

第二，破除“别人家的小孩”的骗局。他们既然是一群人，博采众长，我们自然无法与之抗衡，但如果分而歼之，则可各个击破。比如我小时候遭遇的那些“别人家的小孩”中，比我好看的，没我听话；比我听话的，没我好看；总帮大人干活的，又没我成绩好。

第三，比你在多大程度上改变了自己。想象一下，你原先成绩不佳，只处于中游，但靠着努力，语文成了全班第一，综合分数也居于前五。你会不会油然而生自豪之情？

其实，你需要关注是那些你能改变的事，那才是你的价值所在。你要去改变的，不是比别人在哪个方面做得更好，而是如何做到自己的最好。正如老子所说：“胜人者有力，自胜者强。”凡是你不能改变的事情，你都不需要负责，也不能作为评判你的依据。你是由你能改变的事情所定义的。

当然，道理是简单的，但要真的做好，或许需要我们长时间的修行。

但我相信你能做到。

另外，如果陈子轩回来，你能把这封信转给他看吗？

祝福你。

深爱你的

倪甫清

3月22日

杨略是在校园里看这封信的。十来丛海棠花正开得明艳，都是粉红色的花瓣、深红色的花萼，远看就如同云霞一般。一阵微风拂过，就窸窸窣窣落一阵花雨。有几片花瓣落在信笺上，在风里微微地抖。杨略细细观赏，花瓣玲珑剔透，真是远胜过一切人造之物。

可惜啊，如此珍品，天地却听任它们无声飘落，清风明月不来拾取，蓝天白云不来拾取，就这么奢侈地铺了一地。

杨略忽然觉得，获得成就自然令人快乐，但活在如此迷人的世界，本身就是赏心乐事。而一个利欲熏心的人，恐怕目光务实锋利，反倒无心欣赏这人间妙景，实在是焚琴煮鹤啊。

回到教室，照例是沙沙的做题声。但有些奇怪的是，大家不时会瞅一眼手机。这原本是禁止的，但由于突发变故，大家都成了信息采集员，所以欧阳老师也默许了。

女生郑乔姿忽然大喊起来："微博，陈子轩发了条微博。"

所有的手机都亮起来，果然，陈子轩的微博上出现了新内容："终于迈出了这一步，明天，将是新的一天。我的世界，将由我自己打造！"这话透露的意思，似乎陈子轩已正式加入传销组织。

而杨略发现，微博下方还显示了一行地址，具体到道路，正是陈子轩此刻的位置。他机警地将整个页面截图，保存下来，然后转发给欧阳老师。接下来的事情，就有些符合《新闻联播》的套路了：

警方获得确切情报，立即派出大量警力，铺开天罗地网，挨家挨户巡查可疑人员，终于在某老乡的指引下，成功捣毁了出租房中的传销团伙，解救出百余名传销人员。

而其中一位，便是我们的陈子轩。

等陈子轩在警局录完口供，送回学校，已是次日下午了。警车呼啸而至，引得众人围观。大家知道从车里下来的正是陈子轩，但却很有些不像了。他一直低着头，头发乱如败棕，身上灰色的夹克衫既皱又脏，像披了一块抹布，鞋子上则满是泥点，甚至还粘着稻草秆子。

他原本应该先回宿舍，打理清楚，再回教室。但他却拎着提包，脸色冷得像一块石头，噔噔噔地上楼，直接冲进了教室，把提包往地上一扔，毒毒的眼光在大家脸上转了一圈，忽然大喊一声："你们满意啦？"

大家都愕然了。原本大家想开一个欢迎会，庆祝陈子轩成功归来。可他，似乎全然不领情啊。几个胆小的女生，已经是一脸惊恐了。

陈子轩眼睛都红了，五官变得扭曲，鼻孔一开一合，像一头发怒的公牛。接着，又一句话如同滚雷一般，从喉咙里一字一字地射出来。

“是谁报的警？”

杨略站起来：“子轩，我们这是在帮你。”

“帮我？你们是害我！”

“你是在搞传销！”

“传销怎么了？那是一个伟大的组织，帮助大家实现梦想！”

“传销就是骗人！”

“骗人？如果骗得你倾家荡产，那是骗人。可如果骗得大家腰包鼓鼓，那还是骗人吗？就算是，也是善意的谎言！”

“子轩，你中毒了。”

“你们才中毒了呢，一个个整天念那些没用的破书。别人笑你们什么？都是书呆子！可就是你们这些书呆子，把我的前途给毁了。”

“是我们救了你！”

“我要你们救吗？你们……”

陈子轩用手指着大家，做出深恶痛绝的表情，然后一跺脚，拎起提包，撞开人群，头也不回地去了。

只有杨略追了出去。而其他同学看陈子轩走了，像林子里老鹰飞走了，鸦雀们本来吓得不敢作声，此刻才忽然喧哗起来。

“他这是神经病了吧！”

“就是，完全被洗脑了。”

……

陈子轩像一枚炮弹，并不顾路人的眼光，愣头愣脑地，直向寝室楼冲去，急速地跑上楼梯，打开寝室的门，又把门砰地带上。

“啊呀！”他的身后响起尖锐的叫声。他马上开门，却见杨略捂着膝盖，痛得龇牙咧嘴。原来是被门撞了。

“啊，你没事吧？”陈子轩弯下腰去看杨略的膝盖。他到底是善良的。

“没事没事。”杨略一瘸一拐，走进寝室。

陈子轩立即扶住杨略，让他在床上坐下了，又替他卷起裤管，果然里面青了一块。

“真是对不起，我给你抹点红花油吧。”

“别管我了，我一个打篮球的，身上时常青一块紫一块，都习惯了。你忙你的吧。”

陈子轩却在他旁边坐下了，一时有些木然。刚才的强悍面完全消失了，换上了一脸的颓唐。

“杨略，你是不是特瞧不起我？”

“你怎么会这么想？”

“唉，我不怪你，反正我现在是一个不中用的人了。”

陈子轩被遣送回来，在众目睽睽之下失了脸面。为了维护尊严，他就来了这样一出，干脆破罐子破摔，将强悍粗野进行到底。这和“我是流氓我怕谁”的心态是一样的。

“子轩，难道你真的不知道传销是骗人吗？”

“我能不知道吗？到那儿的第一天，我就知道了。”

“那你怎么还加入？”

陈子轩说起了在那里的经历。星期六那天，他被夏大明带到了郊区的一幢民房里，那里楼上楼下，有好几间房，住了几十号人，年纪老的，几乎是他的爷爷辈，年纪轻的，却比他还小。这些人都有些衣冠不整，然而神情都是狂热的，一见他，就都围拢来，端茶倒水，嘘寒问暖，热情得让他有点受宠若惊。

只是，那里的住宿条件之差，让他有点愕然。房间里都是上下铺，只铺了草席，草席下面露出一些稻草，单薄的棉被和墙壁一样，都是油光光的。至于家用电器，只有头顶的日光灯，其余一概皆无。拥有两套大房子的夏大明，居然是从这种地方发迹的？

夏大明看出他的疑虑，马上就说：“吃得苦中苦，方为人上人。我们都是吃短暂的苦，享一生的福。兄弟，你看看这儿，没有电脑，没有电视，也就没有任何干扰。在这里，我们一心一意，想的就是事业。”这样一说，陈子轩有几分相信了。

夏大明立即说起了公司的制度，说员工分五等。只要买一件公司的产品，就成为E级会员，若是发展了足够人数，则升为D级推广员。当你所发展的人中，有人升到D，你就升为C级培训员。

“等你升为B级代理员，公司会用五辆奔驰接上你的所有亲友，看你走上舞台中心，发表你的晋升演说。所有人都会把羡慕的目光投向你，对你高声尖叫，像明星一样崇拜。然后，你就可以向一千多人宣告，你从此和贫穷告别了，你们家族的命运因你而改变……到那时，你就快活了，月工资4万元，一个月只上一天班，就是到你的团队去发工资。其余时间呢，都可以旅游，而且是免费的，因为各地都有我们的团队。等你升到A级代理商，并积极培养你的团队，使其中有四个人升为A级。恭喜你，你将‘出局’，给别人留下上升空间。人人都要有钱赚嘛！这时候，你会领到一大笔奖金，至少104万。如果你很能干，发展了三条下线，可以拿到450万元。你拿着这么多钱，后半辈子算是有着落了，衣食无忧，自由幸福。想想看，人这辈子，不就图的是荣华富贵吗？对了，你要是还想画画，行，有的是时间，去巴黎，去罗马，哈哈，那种日子，哈哈，真是——”

陈子轩被夏大明所说的光明前途蛊惑了。但他毕竟是个聪明人，也听出了一些蹊跷。

“发展下线，这听起来很像传销……”

“那你说说，传销是什么？”

“……我听说，传销是……是骗朋友，骗亲戚……”

“人和人打交道，肯定是赚人的钱。比如你要买套衣服，旁边有两家店，一家是你姑姑开的，一家是别人开的。你会去哪家？”

“姑姑家。”

“那就好，你买了衣服，会不会觉得，姑姑骗了你一件衣服的钱？”

“不会。”

“我们这个行业，就是大家发财。我们挣的是中间环节的钱。一件产品，从公司出产，到最后的超市，中间要经过很多经销商，个个都要分一杯羹，最后超市的售价就贵了。而我们呢，直接从公司拿货，然后出售。这叫直销，绝对合法。”

陈子轩听完，脑子有点懵，但也被说服了。于是他又想到那个光辉的前途，抛出了最后一个疑问："在这里，每个人都能成功吗？"

"当然，公司的制度就是人人都成功。兄弟，你想想看，我把你带进来，我要想晋升，就必须拼命把你往上拉。而以后你发展的人想晋升，又得使劲把你往上顶。你的成功永远建立在共同成功的基础上。所以，在公司里，你要想不成功，只能告诉你一个字——难！"

"那从 E 升到 A，然后出局，一般需要几年？"

"一般是四到五年。我们有个老总，他用三年就出局了，现在过着神仙日子啊。"

陈子轩的心热乎乎的。他已看到了这里的人分外热情，的确是互帮互助的氛围。他从来都是孤单的，现在被别人一重视，尤其夏大明这样的成功人士，也把他当兄弟看，这的确令他感动。

"那我要做什么呢？"

"我刚才说了，只要买几套产品，就有资格加入。不过……"夏大明忽然做出为难的样子，"至于我们是否录用你，还得看你的表现。你知道的，我们公司需要有潜力的员工。"

夏大明来了一招以退为进，陈子轩果然有些着急，生怕错过了这个改变命运的良机，所以当即就表了决心。但夏大明却叼了根烟，朝他摇摇手："不急，不急。"

于是，为了让组织录用，陈子轩表现得极好，培训活动积极参加，宿舍卫生积极打扫。一勤快，内心就有充实感。他真觉得，这是一个和谐温暖的大家庭啊。

夏大明不失时机地说："发财靠什么呀？聪明？不对。是人脉。人脉就是钱脉，多个朋友多条路。我们在一起同甘共苦，就比亲人还亲了。兄弟，你表现好，我们老总说了，准备录用你。你准备一笔钱，买几件产品。我们会举办一个活动，欢迎你的加入。"

陈子轩十分激动，交了钱，但产品并未拿到。不过这不要紧，因为公司已录用了他，而且那个欢迎活动真是激动人心，他成为无可争辩的主角。兴奋之余，他发了一条微博。于是，警察来了，于是他被"解救"了。

在警察局里，他才知道，那个夏大明根本是个穷光蛋，他的车子是借的，房子是别人的，他之所以做出有房有车的假象，只为了让陈子轩上钩，成为他的下线，分他的入伙费……

杨略听完了，不由感慨万千。原来利令智昏是真的。在财富诱惑面前，人的理性却完全被蒙蔽，就算理性清醒，贪婪也会让人忘却道德。人心是何其软弱啊。

他忽然想到了爸爸委托的事，就站起来，从枕头底下抽出爸爸的信。

“这是我爸爸的信，指名要给你看。”

“给我看？”陈子轩有点惊讶，接了过来，就开始一直读下去。读完了，拿着信纸，过了许久，才幽幽地说：“原来我是一直在盲目地攀比。以前是和你比、和陶坷坷比，伪装成富二代。后来想学习了，依然和你比，和单昀比，谁知也比不上。心里就想，不是读书的料，我不如早点去挣钱。以为有了钱，就有了尊严。唉，想挣钱的念头太强烈了，可我高中都没毕业，能挣什么钱呢？于是就想走捷径。其实，仔细想想，我都活在别人的眼光里，没有为自己好好活过一天。”

“子轩，别走了，留下来，咱们一起学。”

“就剩两个月了，我还能考好吗？”

“只要努力，肯定行！”

陈子轩却痛苦地摇摇头。

“杨略，你是可以的，我的底子，唉，我自己知道。”

“子轩……”杨略也不知道说什么好了。

“你先去看书吧，我一个人好好想想。”

杨略也没办法，又安慰了几句，就走出了寝室。初春还有些清冷，他路过几丛海棠树，静静地站了一会儿，花儿开得极明艳，可是天空又阴沉了，四处都升起了雾霾，灰白、迟滞，稍远处，就看不真切了。

第七章

读书让我们认清世界，读书赋予我们选择的自由。读书用功，不是要你跟别人比成就，而是储备力量，以后获得选择的机会、自我实现的机会。

“欧阳老师，有些事情一发生，就再难挽回。我想，我是该离开了。天地很宽广，总有路可走，未必一定要读书。谢谢您多年的教诲，一切都将铭记于心。”

收到了这条短信，欧阳老师匆匆地赶到陈子轩的寝室。陈子轩换了一身整齐的衣服,正在收拾行装,将衣服塞进皮箱里。听到有人进来,就直起身，眼圈是黑的，眼珠子是红的，显然是昨晚难以成眠。

“真的要走？”

陈子轩点点头。

“原因呢？”

“短信里都说清楚了。”

“你说的‘事情一发生,就再难挽回’,是什么意思呢？哦,你去传销了，同学都知道了，就没面子读下去了，是不是这样？”

陈子轩不置可否，却低下头去，看自己的鞋尖。门口有学生经过，听到里面的响声，都在探头探脑，窃窃私语。

“子轩，来，我们出去聊吧。先把你的行李放下！”

也不等陈子轩同意，欧阳老师就拽着他的手，走了出去。宿舍楼离一个小校门不远，穿过一条香樟树覆顶的小径，就走出了校园。阳光灿烂地照在大地上，四处明晃晃的，让陈子轩的眼睛一时难以适应，一路眯着眼。

他们走进了尼基咖啡馆。楼下一圈是洁白的柜台，透过玻璃，看得见里面摆着的各类点心。旁边是座位，都是三四张半圆靠背的沙发，围着中间一个茶几，颜色清丽明快，或柠檬黄，或杏花红，也有天青色，组成一朵朵雅致的小花。四处回荡着舒心悦耳的音乐，像清泉流淌，像微风过林，让人身心俱宁。

他们坐下了。欧阳老师点了两杯咖啡。咖啡馆里只有他们两个顾客，陈子轩也觉得放松了些。

欧阳老师靠着沙发，摆了极惬意的姿势。

“子轩，如果有同学陷入传销，你会嘲笑他吗？”

“不会。不能落井下石。”

“那你怎么会认为，别人就会瞧不起你？”

陈子轩沉默了，定定地看茶几上大理石的纹路。

“要是不读书了，有什么打算？”

陈子轩长长地吐了口气。想要把脑子里无尽纠结的心事，一股脑儿理清楚。

“大概，先找个地方打工吧。然后，还是画画。”

“要画画，需要哪些条件？”

“条件？”陈子轩茫然地看了看欧阳老师，“先活下去吧。最好能进一个动漫公司……”

“你会有这样的机会吗？”

夏大明曾说起他老乡的故事，没读大学，去南方发展，机缘巧合，进了游戏设计公司，后来成了名。夏大明虽然说过许多谎话，但陈子轩曾在网上搜索出，这个故事倒是真的。

于是，他就简单地说了这个案例。

“这样的概率大吗？”

“这个行业能出人头地的，本来就很少。以后的事，只能走一步算一步，谁知道呢？”

其实，对于漫画，陈子轩还颇有自信，除了有发表的作品打底，他目前有个新题材，正让他跃跃欲试。他想以自己与储旭亮为主角，画一段清纯而酸楚的故事，展开自由的想象，或许，在故事里会有个完满的结局，聊以慰藉他寂寞的内心。至于生计，他毕竟年轻，会把世事看得容易。养活自己，还不容易吗？他是这样想的。

“你的短信里还提到，不一定要读书，你为什么这么想？”

“现在学的，以后也用不上。比如我要做漫画，学数学做什么呢？另外，读大学又能怎样？找工作那么难。很多当老板的，都只有小学初中学历。我现在想明白了，能力比什么都重要。对于我来说，与其死命读书，不如多花点时间做些有用的。”

说这段话的时候，陈子轩的音量明显高了，直视着欧阳老师，显得底气十足。

一般来说，听学生大谈读书无用，作为老师，难免会心头火起，大声呵斥。

但欧阳老师却点着头，一直等陈子轩说完，才插了嘴。

“子轩，你说的有道理，但又不是完全有道理。对于读书无用论，你想听听它的来龙去脉吗？”

陈子轩只是“嗯”了一声。

“中国人自古是重视文化的。读书人极为威望，可以朝为读书郎，暮登天子堂。不识字的老百姓也崇拜知识，路上看到一张有字的纸，也要捡起来，虔诚地焚烧，以表示尊敬。就算在抗日战争时期，全国放不下一张安静的书桌，但学校里还是不断课，培养出了许多世界级的大师，比如丁肇中、杨振宁。”

这时，侍应生把咖啡端过来。欧阳老师道了声谢，呷了一口。

“子轩，你也尝尝，这里的拿铁做得地道！”

陈子轩尝了一口，苦苦的，不由皱了皱眉头。欧阳老师呵呵一笑，继续自己的高谈阔论。

“要说读书无用论，其实源于20世纪60年代，尤其是‘文革’期间，张铁生交了白卷却能上大学，号称‘我是中国人，何必学外语，不学ABC，照样干革命’，于是学校停课，学生停学，知识分子地位低，大家以大老粗为时尚。那段历史，真是不堪回首。”

陈子轩听得有点呆住了。

“第二次是改革开放初期，允许一部分人先富起来，于是没多少文化的个体户勤劳致富，而那些教授、医生、公务员领固定工资，于是有了‘造原子弹不如卖茶叶蛋，拿手术刀不如拿剃头刀’的说法，下海一时成了风潮。”

陈子轩点点头，他的几个叔叔姑姑，也是趁着这股东风挣了钱。

“还有第三次读书无用论，主要出现在2003年之后。随着大学扩招，大学毕业生渐渐不再包分配。原先是天之骄子，拿着毕业证，即可有工作，从此过上安定体面的生活，现在忽然要放低身段，四处奔走，寻找一份糊口工作，收入低微不说，物价还居高不下，让人一时难以在城里立足，于是内心难免抱怨。有不少农村学生，家境困难，于是砸锅卖铁，四处贷款，毕业时身上有上万欠债，而工资却不过每月两三千，刨去房租、伙食、通信费，哪有钱去还债呢？一想到家里父母殷切的目光，难免心如刀割。有些农民的孩子一算账，倒不如不上大学，直接去城里打工，光靠卖体力，每月收人也不下于大学生。若是脑子活络，倒腾点买卖，过不了几年，车子也有了，老家房子也修起来了，虽说在城里生活艰苦点，一回老家，到底也是算个‘人物’了。”

听到这里，陈子轩的心里有几分快意，似乎自己的选择，已经找到有力的佐证了。他出身农村，家道贫寒，就算读了大学，毕业后也不一定出人头地，如果找不到好工作，那的确是太不合算了。

欧阳老师说得激动起来。

“我有个邻居，当年也没读书，就做做泥水匠，后来有机遇，做了包工头，于是陡然而富，在城里有几套房产，也开起了宝马，在村镇里颇有人望，居然要参选村干部了。在他眼里，读不读书，显然是无关紧要的。而我呢，当年从农村考进大学，还读到硕士，以前邻居都羡慕。可现在呢，我领几块死工资，连汽车也买不起。当年背了包离开家，现在每次回家，也只是背个包。别人都觉得我没出息。我的感觉倒也罢了，苦就苦了我的父母，当年为我自豪，现在却为我忍受白眼。唉，有时候我自己也很沮丧。”

陈子轩忽然感动起来。在他眼里，欧阳老师英俊潇洒、才华横溢，很得同学喜爱。万没想到，他心里也有这样的苦楚。而陈子轩是最能体会遭人鄙视的滋味，所以欧阳老师说了一番掏心窝子的话，他就更觉亲近了。

“于是读书无用论轰轰烈烈，盛行一时。读书无用论者有三点理由，和你说的基本一样。第一，现在所学的知识以后用不上；第二，低学历者也有高成就；第三，能力比知识更重要。不可否认，这些理由都有道理。但我要问问你，读书的意义到底在哪里？”

“读书的意义？意义？”

陈子轩突然惭愧起来，虽说他读了十多年的书，但一直是按部就班，却从未追问过为什么读书。他想了许久，支支吾吾地说：“把书读好，进好大学，找到好工作，挣钱，过舒服日子。大概就是这些吧。”

“这当然是我们都向往的，但读书除了获得名利，还有更大的好处。”

“什么好处呢？”

欧阳老师伸出了一只手掌，五指揸开。而后，他按下了拇指。

“第一，读书让我们认清世界。不读书的人，看到的只是虚假的美好世界，处处鲜花阳光。读了书以后，就认识到黑暗与丑陋。但许多人因此陷入消沉与厌世。只有读了更多的书，才能看到云际之上，还有希望和光明。一个人生存一世，如果只是懵懵懂懂，从未探索真理，从未领略过真实的美，那只是一具行尸走肉，又有什么意义呢？”

欧阳老师又按下了食指。

“第二，读书赋予我们选择的自由。许多人没能读好书，于是去打工谋生，或许收入不错。但那些工作只是为了生计不得不做。他们成了工作的奴隶、生活的奴隶。我也要求你们读书用功，不是要你跟别人比成就，而是要储备力量，以后获得选择的机会、发挥潜能的机会、自我实现的机会。而在我看来，做自己喜欢的工作，才会有快乐的人生。”

这些道理，是陈子轩闻所未闻的。他的脑子受到了极大的冲击，一时沉默不语，连咖啡都忘了喝。是啊，对于浩大的世界，绵长的历史，他才学了多少？不过是恒河一粒沙，沧海一滴水，却叫嚣着不再读书，还振振有词，真是可怜且可悲啊。

欧阳老师看自己的滔滔大论起了作用，也歇了一会儿，让陈子轩消化掉一些，才继续说：“子轩，如果你成绩很好，可以考进名校，你还会认为读书没用吗？”

“不会。”这次陈子轩并没有迟疑。

“也就是说，你的读书无用论，到底是真觉得读书没用，还是你觉得读不好书？”

陈子轩一听这话，觉得大为不安。

“老师，我……”

“很多读书无用论者，往往是学习的失败者，努力了无收获，遭遇了打击，于是沮丧、自卑，时间一久，为了内心好过些，就开始自我解释：既然读书无用，那么读不好，也就无所谓了。这种心理就是一种‘合理化’，得不到的东西就是不好的，以此来掩盖错误或失败，以保持内心的平衡。”

“您说，我是吃不到葡萄就说葡萄酸？”

“你自己想想，是不是这样？”

陈子轩的脸有些发烫。

“老师，我懂了。可是，我就算现在读书，能考上好大学吗？”

“子轩，道路很长，就算暂时考不进名校，但你只要目标坚定，持之以恒，肯定会比别人走得远。你热爱漫画，而且也有了成绩。那么，如果你继续读书，就算读职业院校，也可以选择动漫、设计等专业，有老师指导，有同学讨论，多好的环境啊。到时候，你练习手绘能力，学习电脑软件绘图，提升你的绘画功底。同时，你再花时间看书，像蔡志忠一样熟悉中国文化，像手冢治虫一样了解世界文明史，有了足够的积累，你才能具备长足的后劲，画出有文化底蕴的画作，并逐渐长成参天大树啊。到了那时候，我就可以和别人吹牛，说我的学生成了国际闻名的漫画家，那多荣耀！”

陈子轩被欧阳老师说得不好意思起来。

“我……我哪有那能耐……”

“别人可以，你为什么不可以？”

陈子轩忽然一笑，身心都放松了。

“欧阳老师，您刚才的表情，特别像搞传销的。”

欧阳老师看他开始开玩笑，恢复了原来的腔调，心里就踏实了：陈子轩又回来了。于是他也幽默起来。

“你说，我要是去搞传销，能不能干到A级？”

“肯定能。”

师生二人同时大笑起来。陈子轩觉得，这样一笑，把浑身无形的枷锁都震落了，他一身轻松，几乎要飞起来。阳光透过树荫，透过窗帘，落下许多光斑，闪闪烁烁，照在他的脸上。

在陈子轩找到意义的时候，班里却不平静。当然，其表面还是平静的，就像熔岩表面是一层薄脆的黑壳，下面翻腾着炽热的岩浆，不时冒一个火热的泡儿。

倒计时已开始，黑板的左上角，由班长单昀每日擦了又写。如今只剩下六十来天了。过去的日子，就被擦成了粉末。大家都觉得，离高考宣判的日子越来越近。是上天堂，还是下地狱？他们不知道，只是一天天地苦熬。测验、讲解、自习，从早到晚，日复一日，一成不变。如果高三是一次万米长跑，此时已跑了八九千米，最初的冲劲早已耗尽，剩余的体力逐渐耗尽，身体变成了机械，抬腿，落下，再抬腿……表情早已麻木，眼睛盯着终点，一步一步向前奔去。渐渐地，大家感觉到倦怠，无聊，忘记了为了什么出发，也不知何时才能到达。

终于，隔壁班也出了事。一位绰号叫咸菜的男生忽然扔下球鞋，抛掉书堆，揣了一万块钱，潇洒地离家出走。家人着急得不行。他直飞武汉，没头苍蝇一样走了几天，又飞到昆明，继而去丽江。

大家内心里都觉艳羡，但又不敢效仿，只是暗暗地想，咸菜会有怎样的未来？

但咸菜很快就回来了，问他为什么，他就说感到更大的无聊。在丽江时，他也翻山越岭，眼前一座座雪山，一条条河流，本是人间佳境，他却无心去看，甚至走着走着，触动心事，沮丧得泪流满面。

“高考，我信了你的邪！”他抛出了一句新学的武汉话。

大家听了，也都默然，各自都有了共鸣。唉，谁能轻视高考呢？就算暂时逃离，又逃不出它的五指山。毕竟，谁能忽视自己的前程？谁能完全背离社会规定的“正道”？

最后，曾泉做了一个总结：“高考虐我千万遍，我待高考如初恋。”那么，该如何度过这最后的六十多天？这是悬在每个人头脑中的大问题。

而就在这个当口，杨略爸爸又写了一封信来。

第七课　追求有意义的人生与学业目标

亲爱的杨略：

见字如面。

我们先来读一封读者来信，或许和你目前的状态非常相近。

杨老师：

您好。

离高考只有两个多月了。三年的长跑临近终点，但我感到疲惫极了。

每天坐在教室里，面前是堆积如山的复习资料，不断机械地重复，感觉如此枯燥无味的生活，就像炼狱一样，简直让我难以坚持下去了。

但我深知高考对我一生的重要性，所以坚持是必须的。有时看着黑板上的倒计时，我会想到考场上的失利，还有公布成绩时的失望。如果考不进理想的高校，那么多米诺骨牌哗啦啦一倒，我的一辈子就完了。想到这些，我就身心疲惫。而这反过来又让我学不进去，学不进去就更加着急，形成了严重的恶性循环，让我晚上经常失眠，痛苦极了，甚至有了放弃的念头，就像一些同学那样，高考前基本上不再复习，每天散漫度日。

唉，我该怎样才能在疲惫中坚持呢？

学生　朱晨怡

可见，疲惫、倦怠，是考生中的一种常见现象。种种看似“麻木”的表象，实际上是因高考引发的预期性焦虑的一种另类反应。经过长时间的高强度复习，大家进入了一个心理疲劳期。一方面，是由长时间的重复复习导致的心理厌倦性反应；另一方面，也是过度紧张焦虑的一种表现。这样的复习状态如果不调整，后果是很严重的。

一、意义让我们体会到生命的价值

塞利格曼曾讲过一个蜥蜴的故事。一位教授在实验室中养了一只稀有的亚马逊蜥蜴当宠物。头几个星期，蜥蜴不肯吃东西，不论教授如何费心，给它吃生菜、坚果、肉馅，甚至捕苍蝇、捉昆虫，还把水果打成汁……全都没用，蜥蜴一天天消瘦下去，眼看就要饿死。有一天，教授带了一个火腿三明治做午餐，掰了一块给蜥蜴。一如既往，它没有兴趣。接着，教授拿起报纸来看，当他看完头版时，把报纸放在火腿三明治上。蜥蜴看到后，立刻在地板上匍匐前进，抓破报纸，抢过三明治，用尖牙扯碎，然后吞下。原来，蜥蜴需要潜行攻击、扯碎食物后才会吃东西。

原来，轻而易举地坐享其成，并不是蜥蜴的本性。它天生就是个猎手，要匍匐、出击、撕裂，才能获得愉悦。因为在捕猎中，它感受到生命的意义。

我们也是一样，看影视剧，读小说，刷微信，玩升级类游戏，吃垃圾食品，这些都不需要技能，是唾手可得的愉悦。我们若是深陷其中，久而久之，心灵就会感到无聊、空虚。据以前的统计，中国人年均读书 0.7 本，与韩国的人均 7 本，日本的人均 40 本，俄罗斯的人均 55 本相比，中国人的阅读量少得可怜。

其实，读书，尤其是读经典，是相当费力的。很多大学生告诉我，他甚至读不完一本奥威尔的《动物庄园》，读几页就心思不定，打开手机追美剧去了。读活泼的寓言小说尚且如此，还能指望他去读《国富论》或《浮士德》吗？

但是，我们的天性却是希望得到深层次的愉悦的。当我们读完一本真正的好书；当我们在足球场上学会一记漂亮的远射；当我们与朋友进行了一场充满智慧的交谈，内心会充满力量和满足。因为这一切，都充满着意义。

塞利格曼说："虽然我们天生就会满足自己的本能欲望和需求，获得舒适和放松……但真正的享受，却未必令人愉悦，有时甚至充满紧张和威胁，登山者常面临冻死或坠入山谷的危险，常会精疲力竭，但他们乐在其中。在蔚蓝的海边，躺在棕榈树下喝鸡尾酒当然很好，但这与在冰天雪地的山脊上的狂喜是不能相提并论的。"

而我们通过学习，获得知识的提升、视野的开阔，并攻克一道道难题，这本身就是一件快乐的事情，因为这一切都是有意义的，都预示着我们在未来的发展。

二、你能否看到读书的真正意义

几年前，阿里·克拉姆与埃伦·兰格共同做了一项实验，这次的研究对象是酒店清洁工。他们告诉一半清洁工，通过工作他们每天得到了锻炼，帮助他们燃烧了许多卡路里，清洁工作就像心脏锻炼，等等。而另一组清洁工是控制组，没有得到这样的信息。

几个星期后，他们发现，那些认为工作是锻炼的清洁工，实际体重下降了，不仅如此，他们的胆固醇含量也降低了。与控制组相比，他们并没有做更多的工作，也没有做更多的锻炼。唯一不同的是，他们的大脑对待工作的看法。由此得出一个结论：与行动本身相比，我们对日常行为的心理定势更能决定我们的现实。

因为大脑会按照我们对将要发生之事的预期来运转，心理学家称之为“期望理论”。神经学家马塞尔·金思博兰尼博士解释说，我们的期望能创造出一种大脑模式，就如同真实世界创造的大脑模式一样真实。换句话说，对一件事情的期望激发了同一复杂的神经元，就好像这件事情真实发生了一样，并在神经机制中引发了一系列事件，产生了许多躯体的后果。在工作中，这意味着信念能切实改变我们努力和工作的具体结果。

所以，你对学习的看法，决定了你是否能学好。也就是说，你越认为学习单调乏味，学习就越发乏味透顶。而如果你看到了学习的意义，那么你可以焕发出强大的力量，足以战胜厌倦。

耶鲁心理学家艾美·瑞斯尼斯基经过多年研究发现，员工有三种工作取向或看待工作的心态：把工作看作工作、职业和事业。第一种人认为工作是例行公事，他们工作是因为迫不得已；把工作当成职业者，他们工作不仅出于必需，而且为了进步和成功，他们很投入，并想把工作做好；最后，把工作视为事业者，认为工作本身就是目的本身，他们的工作实现了个人抱负，他们感到工作可以产生更大的幸福，更好地发挥他们的个人优势，并给予他们意义和目的。

这又是如何发挥作用的呢？如果你无法为日常工作带来实际的改变，问问自己所做的工作中存在哪些潜在的意义和乐趣。想想一个小学有两个看门人。一个人只注意看他每天晚上必须清理脏乱的环境，而另一个相信他正为学生提供一个更清洁、健康的环境。他们每天做着相同的工作，但不同的心态决定了他们的工作满意度、成就感，以及最终的工作表现。

那么，对于你而言，学习的意义到底何在？

是改变个人命运？

是走进更大的世界，追逐自己的力量？

是光宗耀祖，让家人扬眉？

或者，还可以更高，更远。因为意义，往往是要与他人、与社会，甚至与世界前途有关。当我们越是离开小我，就越能获得幸福，就像接下来要出场的人物一样。

哈佛校园充斥着各种“怪人”，基辛格也算其中一个。他在生活上毫不讲究，一套衣服长年累月地穿，像个古板的苦行僧，也不在意别人眼光。孔子曾说：“士志于道，而耻恶衣恶食者，未足与议也。”基辛格该是能得孔老夫子赏识的。

基辛格穿得破旧，的确是没时间打理。

基辛格生于德国，因是犹太人，所以15岁时逃到美国，有些水土不服，幸亏成绩不错，大学时又参了军，退伍后进了哈佛大学，当时已是24岁。青春已逝，年华可贵，再加上他是犹太移民子弟，要想有所成就，没有捷径，只能靠个人奋斗。

他深深懂得学习的意义之一，就是改变命运。

他兢兢业业，远离尘嚣，玩命苦读。他博览群书，虽然读的是数学专业，却对哲学、逻辑学、历史更有兴趣。他研究罗马人的历史，钻研哲学家苦涩的名著，黑格尔、康德、马克思、斯宾诺莎，无所不涉。时常在书桌旁一坐就是一天，直至深夜两三点。

渐渐地，他发现学习的意义不仅为己，还能影响世界。

当时，校园生活安谧如小溪流淌，但外面的世界，虽然是“二战”初定，却依旧翻涌着惊涛骇浪。国内，麦卡锡主义盛行。国外，苏联和东欧社会主义国家日益壮大，整个西欧惶惶不安，胡志明正在越南的丛林里进行抗法战争，毛泽东在北京的天安门广场上升起了红旗。哪怕随便扫一眼，也会发现世界变动不断，革命连连。

在许多哈佛学子看来，这些似乎都是远方的事情。但基辛格却不这样想。在他眼里，每一次大变动，不管发生在多么遥远的地方，都是对他个人的一种威胁，因之深感焦虑，并且苦苦思索。他开始思考世界的前途，并经常说：“强权才是历史的基本力量。别总把强权看作洪水猛兽，强权就像刀剑，本无所谓好坏，关键在于使用刀剑的人。纵然历史上充满了滥用强权、肆虐行暴的例子，但强权也可以用来防止灾难。”

他的结论是，外交政策的目的，在于建立一种和平结构，其战略是巧妙利用争斗双方之间的均势，其手段是谈判与战争威胁结合。这就是后来闻名世界的“均势理论”。

哈佛毕业之后，他纵横天下，调停美越战争，冰释中美关系，缓和核战危机，建功赫赫，名满天下。20 世纪前 50 年爆发了两次惨绝人寰的世界大战,而后的 50 年基本上没有类似的战争,与基辛格等人的努力分不开。1973 年，他众望所归，荣膺“诺贝尔和平奖”。这正是对他的最好肯定。

或许他在哈佛时，也曾感到孤单、枯燥、沮丧，但是深沉的快乐，肯定始终伴随着他。

三、再伟大的事业也有无聊的部分

好吧，还有个问题。就是你觉得高三重复的学习，让你深感枯燥。我也的确对此颇有微词，可是，这是你目前难以改变的现实。而且，枯燥、无聊，本来就是生活的一部分。你不可能指望人生的每一刻都是好莱坞大片，精彩不断，高潮迭起。况且，就算是好莱坞大片，也需要有平静的铺垫、背景的交代，而不可能从头到尾都是令人血脉偾张的看点。

许多学生认为，只要熬过高考，一切就好了，生活就激越活泼且五彩缤纷了。其实，要想在大学里脱颖而出，在工作中有突出表现，我们必须要克服寂寞和厌倦的时刻。

为此，我们要再请进来一位人物，让他现身说法。

1974 年 10 月 26 日。加利福尼亚大学旧金山校区。毕晓普 – 瓦尔默斯实验室。

白天的校园虽是喧闹，但此刻天色已晚，且是清凉的深秋，四周分外安宁。实验室的灯光透过窗户，照见一地黄叶。清风过处，细细的有些声响。因是周六，迈克尔 · 毕晓普教授已回家去了，只留一名学生值班。毕晓普临走前有交代:“这几天多留心，我想结果快出来了。”

学生答应着，心里却有些不以为然。四年来，这句话教授已说了无数遍了，似乎一直没应验。等到人去楼空，他独自守着仪器，颇感无聊。先前还看些材料，等夜色渐深，就有些昏昏欲睡。偏又有些冷，他裹了衣服，蜷缩在圈椅里。

忽然，唧唧的响声穿空而来，钻进他的耳朵里。一个激灵他一跃而起。四处探寻，声响源于辐射探测器，绿灯不住闪烁。教授可能说对了，结果已经出现。他高兴得要跳起来，倦意一扫而空，却又颤抖着手，全神贯注地记录各类数据，眼神越来越亮。

实验室追踪了四年的基因，今天终于显形了。

他意识到，这是无比神奇的一刻，自此，科学又前进了一步，而自己曾在其中效力，并且机缘凑巧，成了第一个见证人。这种喜悦与自豪，又有几人能享受呢？

拨通了导师的电话，随着铃声响起，他抑制住汹涌的快意，等电话接通，他已能用平静的声音说话了。

"教授，我想事情成了。"

"太棒了！"毕晓普也雀跃了，"我马上回实验室。"

在去实验室的路上，毕晓普开着车，先是兴奋，将车开得飞快，又将车窗打开，凉风扑面而来，格外雄劲。他却又禁不住要落泪：在实验室里下了四年功夫，才终于找到了这个"小坏蛋"。

他所谓的"小坏蛋"，就是令人闻风丧胆的癌基因，江湖人称 SRC，读作"杀客"。将它找出来，岂不是大功一件？

在此之前，科学家已经知道，癌细胞的产生，源于 DNA 中基因的变异。但科学家们集体陷入困境，人体 DNA 中有三万多个基因，若是一一检验，看谁与致癌有关，那就宛如大海捞针，花个几十年，估计也完不成。

毕晓普与哈罗德·瓦尔默斯合作，着手用分子探测，在一大堆鸡的 DNA 中探寻是否存在"杀客"。不料，这一做，就是四年时光，上万次枯燥的重复重复再重复。

今夜，事情终于成了。毕晓普在回忆录里，回顾了这一成功的时刻："当我第一次看到一部大学教科书中叙述了我们的发现时，我职业生涯中的一大满足感涌上我的心头。哈罗德和我已经尽了这一责任。"

平淡的语气，让我们看到了价值实现时的快乐。

毕晓普着手将实验结果形成论文，1975 年发表，在科学界被争相传阅，马上被编进教科书。此后数十年，他的功绩展露无遗，被誉为癌症研究史上的里程碑，并获得了1989年的诺贝尔生理学或医学奖。

英国数学家G.哈迪说过："一个人，尤其是一个年轻人，首要责任是要有抱负，而最高尚的抱负，就是给后世留下一点有永久价值的东西。"

那么，亲爱的杨略，你希望给后世留下什么有价值的东西呢？我们都知道，伟大如抗癌事业，当中都充满了无聊的时刻，我们又为什么要抱怨学习中枯燥的成分呢？

四、心灵体操：挖掘学习中的意义

我是做企业咨询工作的。当我在为公司员工进行培训时，常常鼓励他们重新做一个"工作描述"，我让他们思考一下，如何用一种能吸引他们申请这份工作的方式，重新描述同样的工作。这样做不是为了自欺欺人，而是要突出可以从工作中获得的意义。然后我要求他们思考生活中的个人目标。他们现在的工作任务如何能与这一更大的目标联系起来？研究人员发现，当我们把工作与个人目标和价值联系起来时，即使最微不足道的工作也可以具有更大的意义。我们越是把自己的日常工作与个人愿景联系起来，就越有可能把工作看成是一种事业。

比如在一家保险公司，员工原本素质良莠不齐，有本科生，也有中学辍学的，他们对保险业了解不多，走到讲台上来，都只笑称这是个饭碗。

但一位女孩的发言，却让大家震惊了。

前辈们用了二十多年让中国20%以上的家庭拥有了保障。虽然有些家庭被某些不专业的业务员骚扰过、欺骗过，但不可否认，绝大多数的寿险从业者都是在凭良心做事的。我们这一代接过他们手里的接力棒，继续守护这些家庭的幸福，并将保险的保护伞送到更多的家庭中。我相信有一天，我们的投保率会像台湾一样有200%，会像日本一样有600%。这个时间很漫长，但也有可能很快，因为观念的转变有时就一瞬间。

保险业，是让每个人拥有完整的保障，生活在安全之中，免受各种风险来临时的财务打击。也许我们个人的力量微不足道，但只要我们更努力，世界将更为美好。

她不仅把工作上升为事业，而且提高为对全人类都有益的伟业。的确，如果我们拥有保险，厄运降临时，可以减少损失，也活得更踏实，更有尊严。这位女孩意识到了这一点，当她去与客户沟通，将不再是从客户兜里掏钱，而是要送给他一把保护伞。这种心态，无论对于事业，还是对于心灵健康，都是无比重要的。

所以，请你也尝试一下这个练习，水平摊开一张纸，在左边写下一项你必须完成，但又枯燥无聊的任务或者科目，然后问自己：这项任务的目的是什么？它要达到什么结果？画一个箭头指向右边，把这个答案写下来。如果你写下来的看起来仍然不重要，那么问你自己：这一结果将会导致什么？再画一个箭头把这一点写下来。直到你得到一个对你有意义的结果为止。通过这种方法，你就能将你所做的每一件小事与更宏大的图景联系起来，与使你充满动力和活力的目标联系起来。

当你了解了学习的意义，就会怀揣着这种虔诚而真挚的心灵，平静，执着，完成更多的学习任务。

希望你能用意义对抗无聊，就像在尘土上看到圣洁的天光。

祝福你。

深爱你的

倪甫清

4月1日

杨略开始做心灵体操。他的数学不好，也觉得它很枯燥、很无聊。那么，数学的意义又在哪里？他拿出纸笔，渐渐地，就画出了一份图表：

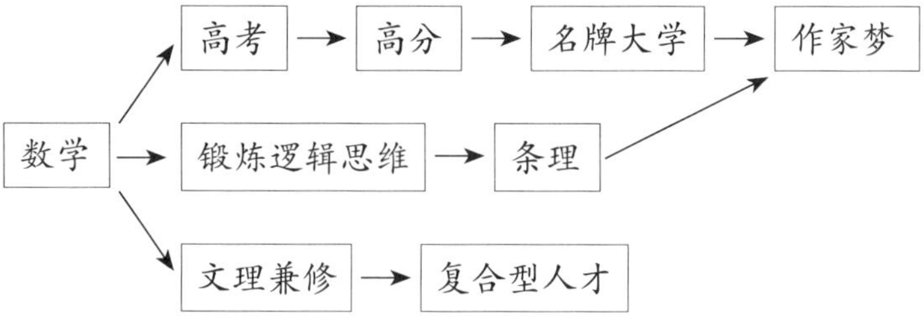

虽然他并没有觉得数学从此变得容易，但至少，数学对于他而言也是意义重大。表格中，锻炼逻辑思维或许是有意义。倒是得高分，利于考上名牌大学，才是实实在在的。正如把木板架在溪涧上，走过去后，木板便已无用，但这并不表明木板是无价值的。

欧阳老师给陈子轩做好了思想工作，心里有几分得意，又想到班里其他人，也需要找到学习的意义，就专门开了个班会，其主题就是“你为什么高考？”

“每个人都要到讲台上来，一人两分钟，说说自己为什么要高考。”

大家已经很不习惯在大庭广众之下表决心了，于是面面相觑，都不愿发言。欧阳老师也知道大家的心思，就说：“那请班长带头，然后按座位，一个个上来。”

单昀是个中规中矩的人，他的发言也是如此。

“高考只是人生的一个关口，我就想考个好大学，为以后的发展打好基础。虽然我还不知道以后做什么，但走好每一步，才是最重要的。”

其余同学也纷纷上台，有的说为父母争气；有的说为理想奋斗；也有的说从来没想过，就是随大流。然后就轮到了曾泉。对于他，大家都很期待。因为曾泉生了一个大脑袋，配一副大嘴，从来都是语不惊人死不休。

果然，他站在讲台上，先是嬉皮笑脸，忽然脸色一凝，表情刚毅，双手攥成拳头，一个横在胸口，一个放在腰间，是杨子荣在威虎山上的做派。

“如果我不用功，整天吊儿郎当，班风就会被我带坏。学风一带坏，大家考不上大学，国家就损失了一大批作家、漫画家、教育家、社会学家，于是大家只能继续看好莱坞的电影、韩国的电视剧、日本的漫画，小孩子就只能接受美日韩的腐化，长大以后就不再爱国，崇洋媚外，热衷移民，国力就变得空虚，如有外敌入侵，我们国家就要灭亡。为了不让这种惨事发生，所以我要努力学习，天天向上，为中华崛起而读书。”

他忽然一侧身，右腿往边上一跨，右拳猛地上举，高过头顶，是钢铁战士的风范，逗得大家笑得直不起腰来，连欧阳老师也笑喷了。

“下一位，下一位，节约时间。”

杨略是曾泉的同桌，也被轮到了。自从看了爸爸的信，他对这个话题又多了几分认识。

“我们都知道，社会上有种种人伦丧尽、价值混乱的不堪现象。但抱怨是没有用的，因为十年树木，百年树人，要想让国人变得高贵、优雅，被世人所尊重，必须从我们这代人做起，用百年时间，逐渐改变国民性。我们通过高考，进入各大院校，毕业之后，将散布于文化界、新闻界、商界，甚至政界，我们将承担振兴文化、教化人心的责任。或许我们有生之年，也看不到中国文化领先于世界，但我们的后代，将记住我们的功业。”

他的宏论，自然赢得了不少掌声。许多同学还不住啧啧称赞：“到底是作家，说起话来就是有深度和力度。”

同学一个个发言，渐渐轮到了陈子轩。他重新进入了学习状态，因为压力减少，目标明确，因此学习状态不错，此时他有些腼腆地说：“我没有杨略这么伟大的抱负。我读书，就是为了获得自由，选择人生的自由、选择生活的自由！”说完，还感激地看了欧阳老师一眼。他所说的，全是从欧阳老师那里舶来的，在脑子里转了好几天，就变成了心里话。

葛怡的发言也很简洁。她亭亭玉立地站着，藏青色的衬衣，下面是黑色的牛仔裤，色泽是凝重的，白净秀丽的脸庞上，表情也是冷漠的。

“以前我读书，一半是自己喜欢，一半是父母期待。但以后，我将为自己读书,高考对于我而言,将是人生的分水岭。越过它,我将开始自己的人生，告别所有的过去。”说这话时，她的目光越过所有人，飘向教室的后方，不欢喜，也不忧愁，甚至也不激动。

杨略深情地注视着她,赞同她为自己读书的说法,但又觉得她话里有话。什么叫“开始自己的人生”，什么叫“告别所有的过去”？他，杨略，是不是也属于她要告别的过去？

刚发完言时，他还极为振奋，此刻又感到锥心的疼痛了。

第八章

我们从小受到很多“考高分、争第一”等思想的影响，而至于如何与人相处，向来是比较轻视的，直到年纪渐长才发现，人际关系的作用，有时远远超过了成绩。年轻人初涉人世，往往觉得房子、车子、票子是幸福的保证，但是，永远有更好的房子、车子在吸引着我们，让内心难以安顿。唯有事业、亲情与友情，才会带给我们长久的快慰。

这个晚自修，欧阳老师一踏进教室，就觉得气氛有些不同，大家没有埋头做题，而是笑嘻嘻地看着他。正觉得惊异，灯忽然灭了，教室后面随即有了亮光。欧阳老师看过去，发现是一个大蛋糕，上面点着几支蜡烛，映亮了几个人，是单昀、郑乔姿和曾泉。他们捧着蛋糕，缓缓朝讲台走来。同学们伴着他们的脚步，开始轻轻地唱起了生日歌。

“谢谢，谢谢同学们。”

欧阳老师又惊又喜，说话都有些结巴了。这时，门外又走进一人，烛光之中，映出一人，白裙飘然、长发披肩、面容娇丽，正是他的女友斯雯璇。

“子方。”

“雯璇，你怎么也来了？”

“是你的学生通知我的，要给你一个惊喜啊。”

同学们早就露出狡黠的微笑。

“老师，快许愿吧。”

欧阳老师默默地说了几句，然后吹熄了蜡烛。教室的灯重新点亮，大家都分到了蛋糕，其乐融融。

郑乔姿忽然说：“欧阳老师，能不能和我们说说你和师母的故事呢？”

曾泉也附和说：“就是啊，老师，你和我们讲讲，也让我们长点本事，也能追到这么个大美女。”

“老师，讲吧——”

全班同学都在喊，亮晶晶的眼睛盯着这一对璧人。欧阳老师推脱不掉，加上心里又是感动，又是喜悦，就说：“那就说一说吧。我们都是衢州人，是高中时的同学……”

一语未落，“高中？噢噢——”同学们都起哄了。

欧阳老师觉得这个话题有些敏感了，不由自主地退缩了。

“我，我还是不说了吧，要不然，我这个班主任，可就变成教唆犯，鼓励你们早恋了。算了，算了。”

曾泉开始起哄，咧着大嘴，大声地喊：“什么早恋啊，这叫青春期爱情。哪个少女不怀春，哪个少年不钟情。对不对啊，同学们？”

“对——”

“欧阳老师，继续啊！”

其实同学们早已不把早恋当回事。这年头，高中生男女孩在一起，已经是太正常不过了，所以并不害羞，只想听欧阳老师的爱情故事。

欧阳老师又被推到浪尖，只得继续说：“我们彼此有好感，然后就在一起，一直到现在。没了。”

同学们自然不满了。

“太没劲了。要听细节，细节。”

“同学们，”陶坷坷也来了劲，站起身来，拍着桌子，出了个主意，“同学们，我们让师母来讲，好不好？”

“好！”

在陶坷坷与郑乔姿等人的带领下，大家整齐地拍手，整齐地喊。

“师母讲！师母讲！”

欧阳老师的女友是个公司白领，很少与学生打交道，今天看学生如此热情，心里也着实觉得可爱，稍微推脱了一阵，也就开始讲述了。

“高三下学期，也就在四月份，有一次我回到教室，打开课桌抽屉，里面有一封信。信里写着对我有好感什么的，里面还有一首诗。我觉得文笔真好，字也写得好看。你们欧阳老师当时挺有名，能写文章，也能唱歌，我也认识他——”

“噢—— 一见钟情！”

“郎才女貌啊！”

“你们当时就在一起了？”

欧阳老师的女友优雅地摇摇头，嘴角带着甜蜜的笑意，沉浸在往事的追忆中。

“其实也没这么简单。我那时候读书很认真，觉得这事有点突然，容易影响学习，就写信给他，希望他好好读书，感情的事以后再说。”

“然后呢？”

“然后就高考了，我考得挺好，填报了复旦大学，可是你们欧阳老师考试失常了，读了杭州师大。”

同学们都用怪异的眼光看欧阳老师，觉得这样一个才子，居然被媳妇压了一头。

“然后呢？”郑乔姿急切地想知道下文。

“我觉得他没考好，都是因为我，心里很歉疚，就发短信安慰他，有时也和他出去聊聊天。等到读了大学，我们一个在上海，一个在杭州，不能每天在一起，就经常写信、打电话，感情越来越好。四年下来，我们的信都堆了厚厚一摞，成了一笔珍贵的财富。大四的时候，你们的欧阳老师用了功，考上了复旦大学的研究生。我毕业了，也就留在上海。就这样，我们通过努力，终于在一起了。再后来，欧阳老师毕业了，一定要来你们学校，我也跟过来了。”

曾泉插了一句：“这就是嫁鸡随鸡，嫁狗随狗吗？”

郑乔姿打了他一下：“你才鸡狗呢。”

陶坷坷却喊道：“欧阳老师，你还记得第一封情书里的诗是怎么写的吗？念给我们听听。”

女友也瞧着欧阳老师，像是要考验他了。欧阳老师自然不敢懈怠，就清了清嗓子，念了起来。每一个字都饱含深情，让声音变得很温柔、很温柔，像是一股和煦的东风，轻轻地拂过每个人的耳郭。

你来自何方？我清婉如水的姑娘。
你可是来自南方温煦的海洋，不然
你的美目中怎么会有蔚蓝的空旷？
告诉我那里的阳光，那里的波浪，
那里的温煦怎样潜入你的心房。

你来自何方？我素馨甜润的姑娘。
你可是来自夏夜梦着的荷塘，不然，
你的秀发怎么会散发着藕花的幽香。
告诉我那里的月色，那里的绿杨，
那里的温馨怎样甜润着你的惆怅。

但总有一缕霁光在我心头闪烁，
你应来自众美之神居住的天堂。
为了拯救世间一切忧伤的灵魂，
你翩翩、翩翩地振动轻盈的翅膀。

大家都陶醉在空灵的诗句里，沉醉在迷人的爱情故事里，心里都泛起极清纯、极甜美的涟漪，层层扩开去，眼眶就有些发热。等欧阳老师念完了，教室里响起了经久不息的掌声。而他的女友也眼含泪水。

陶坷坷忽然大喊："欧阳老师，求婚吧。择日不如撞日！"

欧阳老师和他的女友都愣了，一时不知所措。同学们也愣了，但随即就高呼："求婚，求婚！"

欧阳老师静静地看着他的女友，忽然单膝跪地，握住女友的手，轻轻地说："雯璇，我们在一起八年了，谢谢你陪我度过最艰难也最美好的时光。尽管现在我没有钻戒，房子车子也还没有，但我会一直爱你，给你创造幸福美好的一辈子。你愿意吗？"

"嫁给他！嫁给他！"

"在一起！在一起！"

女友都泣不成声了，嘴唇颤抖地说："嗯，我……我愿意。"

他们紧紧地拥抱在一起。所有的学生都站起来，微笑的、含泪的、微笑又含泪的，都在起劲地鼓掌。

杨略心里想，有了真感情，就算分隔两地，也完全不会有丝毫影响，而只会让他们更为珍惜对方。想到这里，他不由得去看葛怡，发现她眼中噙着泪水，竟听得痴了。

他拿出手机，给葛怡发了一条信息。

"为什么我们不能像欧阳老师他们一样呢？"

葛怡看完手机，抱在胸口，头垂下去，垂到了桌子上，肩膀在一抖一抖，竟然哭泣了，像一枚风中的树叶。杨略不由心疼起来，但又不知怎么安慰。

欧阳老师和女友走了，晚自修照例继续。好不容易等到放学，杨略跟在葛怡后面，走到一个僻静处，加快了步伐，赶上葛怡，在她耳边轻轻地说："葛怡，我们可以聊聊吗？"

葛怡早就发觉杨略尾随在后，所以也只是一个人在走。于是他们一同来到了校园中的小树林。洁净的月光照亮了小径和石椅，虫子在草间轻轻鸣叫，空气中有股春日独有的花草味儿。

杨略迟疑了多时，终于鼓足了勇气。

"葛怡，我们为什么不能在一起？"

葛怡默默地走路，眼睛看着地面，许久，才轻轻地说："我没有信心。"

"对什么没信心？对我？"

葛怡沉默了一会儿，将双手护在胸口，似乎有些发冷，声音也低微下去。

"是对感情……对感情本身没信心。"

"我们都快六年了，六年……难道还值得怀疑吗？"

葛怡仰头去看那一轮明月，幽幽地叹了口气。

"时间又能说明什么呢？月亮圆了，就会缺……唉，他们都二十年了，还不照样……"

"他们是谁？"

"是……我爸妈……"

"他们怎么了？吵架了？"

"吵架？"葛怡摇了摇头，"吵架对于他们来说是家常便饭，说明彼此还在乎……现在……唉——"

"现在怎么了？"

葛怡又安静了一会儿，像是要汇聚极大的能量，才能把接下来的话说完。

"寒假的一天，我和郑乔姿去逛商场，本来挺开心的。乔姿去洗手间，我坐在肯德基，隔着玻璃，无聊地闲看，忽然看见我爸……和一个女人走过来。我吓了一跳，赶紧躲起来，等他们走过了，才抬起头继续看。我明明看到，他们的手牵在一起，我爸还笑得那么开心。顿时，我觉得天都塌了。在我家里，我妈一直很强势，总是觉得我爸无能。我一直同情我爸，他对我也好，很温柔，我觉得他是世上最好的爸爸。谁能想到，他也会有外遇……"

"那你妈妈知道吗？！"

“我还没有告诉她，怕她受不了。我现在就觉得，什么感情，其实都是靠不住的。想当年，我爸妈的感情也轰轰烈烈，虽然我外公竭力反对，不让我妈嫁给一个穷小子，但他们还是坚持在一起了，十足是一段浪漫的故事。可就算是这样的感情，毕竟还是输给了时间啊。”

杨略听到这里，心里完全明白了。这段时间葛怡的抑郁、冷漠、与他的疏远，原来都源于这件事。

“然后你就觉得，我们也会重蹈覆辙？”

“嗯，”葛怡点了点头，却不敢看杨略，“我就在想，要是一段最美好的感情，最后免不了悲剧收场，倒还不如不要开始，就让最初的美好一直在记忆里留存下去，像一帧最美年华时的照片，像一朵刚刚盛开的海棠花。”

葛怡沉入优美而凄凉的想象中去了。杨略往前跨了一步，再一转身，挡在葛怡的面前，双手抓住了她的双肩。

“你这样对我公平吗？你怎么不问问我的想法？”

“嗯？”葛怡有些惊惶了。

“对这段感情，我就没有发言权吗？”

“这……”

“六年的感情，你说断就断，你想过我的感受吗？”

“我想过的，这也是为你好？”

“为我好？”杨略感觉泪花已经模糊了双眼，“我这段时间食不甘味，百无聊赖，就是你给我的好处吗？”

“我，”葛怡有些仓皇无措了，“长痛……不如短痛。”

“难道所有的情侣，最后都不能白头吗？”

葛怡想了一会儿，又慢慢地摇了摇头。

“你看欧阳老师他们，虽然四年大学都没在一起，不也照样维持着感情吗？为什么你对我就没有信心？”

“我……”

“难道你爸妈的感情出现问题，就意味着所有的感情都不可靠。你不觉得，这是以偏概全，自寻烦恼吗？”

“我不知道……”

“退一万步说，感情就算以后会出问题，那也不意味着我们不能开始。就比如说，我们以后都会死，但你能因此而轻生吗？”

葛怡依然是摇摇头。

杨略说：“我是这样想的，正因为生命有限，所以我们更要好好活着，珍惜每一天。正因为感情容易出问题，才应该珍惜当下，好好爱，用力爱。而且，如果每一天都相爱，一天又一天，连起来就是一辈子。”

葛怡的眼里闪烁着泪花，凝视着杨略的眼睛。杨略觉得，此刻的葛怡像一朵月光下素馨的莲花，落上了露珠，真是楚楚可人，他不由身心俱醉。

“葛怡，你愿意和我一起走下去吗？”

葛怡又低下头去。

“你愿意吗？”他的脑海里，又想起刚才教室里的一幕——“在一起！在一起！”

葛怡低低地说：“走吧。”

杨略不知道她是愿意和他一起走，还是时间不早了，得走回去了。但看葛怡往前慢慢地走，心就沉下去，沉下去，沉入了无底的深渊，一时僵硬在那里，眼前什么也看不见了。但他忽然发觉，一只温软的小手悄悄伸过来，轻轻地握住了他的。他心头一热，紧紧地握住，眼泪夺眶而出。

二人一语不发，就沿着林间的小径，慢慢地走着。树林里升起淡淡的薄雾，一切都朦胧了，虚化了，宛如仙境。

紫藤正在吐蕊，玉兰散发着幽香，竹笋在悄悄拔节。啊，一切虽然悄无声音，杨略却听到生命的激流在无声地运行。你瞧，樱树的疏影横斜在小径上，多像一根根琴弦。杨略觉得，他的每一步都触动了琴弦。一曲清越而迷人的乐曲，在他胸中轻轻奏响。他的胸口，正绽放着樱花和海棠。他什么也没说，但相信葛怡一定也都听见了，都看见了。

对于杨略而言，生活重新对他展现出迷人的一面。每天坐在教室里，与葛怡讨论问题，开开玩笑，说说故事，都觉得有无限趣味。诙谐的曾泉、潇洒的楚当当、严谨的单昀，也都围绕在他们身边。高考尽管让人感到压力，可是和这帮战友们在一起，杨略觉得很痛快。

清明节到了，爸爸回老家去祭祖，而他课业繁忙，就没有回去，在学校里继续奋斗。但爸爸的课程却没有落下，长信又如约而至。

第八课　经营丰富的社会关系

亲爱的杨略：

清明时节，细雨纷纷，又到了祭奠先人，寄托思念的时刻了。每到此时，人的内心就特别柔软。我穿过田埂，麦苗青青，溪流淙淙，几株桃树刚落尽花瓣，看得见一个个毛茸茸的小桃子。山窝里长满了青竹和松树，远处是小村子，房舍都掩映在樟树的浓荫里。山间不时响起鞭炮，那是村人在上坟了。

这么多年了，乡村一直是这样，单是草木更兴盛了些。我忽地想起你爷爷。他以前常说，吃过清明团子，就可以光脚下地了。他扛着锄头，领我去田间拔草。我兴奋起来，脱去鞋子，光脚踩着田沟里的稀泥，指间咕咕冒泡。

那天，阳光是那么好，每一片草叶都在闪光。你爷爷采了一把野蒜，中午回家炒鸡蛋，灶头响起翻炒之声，香味已袅到堂前，我早已垂涎欲滴了。

如今，昔人已没，只余回忆。我看着墓碑，鼻子一阵阵发酸。人这一辈子，最可怀念、最该珍惜的，就是亲人啊。若是平常不在意、不善待，忽有一天，这人走了，内心的空缺再难弥补，只能听任朝来寒雨晚来风，时时地触痛伤处了。

一、人际关系滋养我们的心灵

我在微信里看到了一段文字，是一位年轻的爸爸写给女儿的。看完之后，心里异常温暖。

小如，今天是你三周岁生日。真快啊，你已经从婴儿升级为幼儿了，从不会说话，到吐字不清只有爸妈听得懂，再到与陌生人沟通无碍，一切都发生在不经意之间。偶尔听到过去录下的音频，我会对你说，你听，以前你是这样说话的，把星星说成 hinghing，把“没电”说成“没见”。你就开心地笑。

“我已经长大了，以后长得和妈妈一样大，然后生一个宝宝，我就陪着她……”

这就是你最美的梦想吗？毕竟是女孩啊。

看着你明亮的笑容，忽然心生恍惚。或许再一转眼，你就去了幼儿园，小班、中班、大班，当你六岁了，要上小学了，就留起马尾辫和覆额的刘海。那时我会拿起现在的照片，对你说：“宝，你三岁时是这样的……”

这种感觉，就像翻开泛黄的老照片，看到小学时的自己，心里难免会有些惆怅。

而我可爱的小如啊，你就这样慢慢长大，渐渐远去，过自己的日子。到那时候，我该多怀念此刻啊，怀念你伸出小手来抚摸我的脸庞，怀念你看到猪八戒趴着喝水就会发出的笑声，怀念你背着小兔子四处跑的样子。

时间，真的是一个个瞬间，难以把握啊。

而我曾自诩是个有些事业心的男人，在哄你入睡、陪你玩耍、为你读书时，心里未尝没有焦虑之感，怕耽误了时间，影响了工作。可如今一回想，所谓的忙事业，已如浮光掠影，不过是略有痕迹。而唯有陪伴你的时光，再多也都嫌少，再少也很炫目。

于是，每次下班时，开车在路上，想到一按门铃，你会冲过来开门，并抱住我的膝盖，嘴角就不由上扬。于是，临睡前给你读 14 只老鼠的故事，你把小脑袋轻轻靠在我肩膀，我的声音就轻缓而温柔了。于是，我多么愿意牵着你的小手，去看小草、蜗牛、七星瓢虫、落叶，还有石板上跳跃的光斑。

于是，我写着写着，就忍不住站起身，去另一个房间找你，不管你在做什么，都一把抱起，亲亲你的小脸。

于是我知道，生命中最不后悔的，就是和你一起慢慢“浪费”的时光。

看到最后一行，我的眼中噙满泪水。在很长一段时间里，我没有好好照顾你。可能我从小受到很多“考高分、争第一”等思想的影响，而至于人际关系，如何与人相处，向来是比较轻视的，直到年纪渐长，才发现人

际关系的作用，有时远远超过了成绩。

现在我经常说，年轻人初涉人世，往往觉得房子、车子、票子是幸福的保证，这或许也对，可是我买房、买车时，只快活了几日，因为永远有更好的房子、更好的车子在吸引着我们，让内心难以安顿。唯有事业与亲情、友情，才会带给我们长久的快慰。

比如，每次你回家来，和我聊天，天马行空，不着边际，却让我内心陶然。比如，我偶尔与好友相聚，酒至微醺，说些心里话，毫无隔阂，也是无比愉悦。

心理学研究的成果也印证了这一点。大部分心理学研究的相关系数达到 0.3 就被认为是显著相关了，而人际交往、社会支持与快乐的相关系数达到了 0.7。所以，你的人际关系越融洽，拥有的社会支持越多，你就越快乐；你越快乐，你获得的优势就越多，也更易于成功。

因为我们与他人的关系正是我们的社会资本。它不仅会使我们的情感得以滋养，智慧得以磨砺，还能使我们更快地从挫折中奋起，取得更多成就。

著名管理学大师斯蒂芬·科维（1932—2012）将人际关系的思维归纳为六大类：“一、双赢：利人利己（赢／赢）；二、损人利己（输／赢）；三、损己利人（输／赢）；四、两败俱伤（输／输）；五、独善其身（赢）；六、好聚好散（无交易）。”

双赢者把生活看作一个合作的舞台，而不是角斗场。一般人看事情多用二分法：非强即弱，非胜即败。其实世界之大，人人都有足够的立足空间，他人之得不必就视为自己之失。

略略，你该知道如何选择了吧？

二、正确沟通，让心灵走得更近

我们虽然知道了人际关系的重要性，可是我们往往因为缺乏沟通技巧，变得有心无力。许多人像刺猬一样，想靠近却又不能。于是那么多相爱的母子，见面却无话可说，形同陌路。那么多情投意合的朋友，却因为一点小矛盾没有化解，从而渐行渐远。

其实，良好的沟通技巧可以让朋友之间、亲人之间、师生之间更为和谐，从而获得良好的社会支持，有利于身心愉悦和健康。如果你遇到了困难，不妨从以下几个方面入手去改善。

1. 倾听让心灵走得更近。

这听起来简单，却并不容易。在感情里，一定要学会给予对方全部的关注。把电视、电脑和音乐都关掉，认真倾听对方说的每一句话，才是良性沟通的开始。

而现实中，尤其是聚会时，大家都在争先恐后地说话，显示自己的高明，最后大家七嘴八舌，谁也没听，于是谁都一无所获。若是此时，有人愿意安静下来，凝视着你的眼睛，静静地听，不时点头，顺着你的思路，说一些相关的话题。你会觉得，这人实在是太亲切了，太投机了，太相见恨晚了。好朋友就是这样，愿意互相倾听，得到彼此的尊重与抚慰。

当你和朋友发生争执，谈话变得激烈时，你应该从对话里撤出，留出空间去冷静，因为此时的你们并不能真正去倾听对方说的话。

2. 自我袒露，坦率地传递完整信息。

适当和朋友分享你的小秘密、小隐私，推心置腹，开诚布公，袒露真实的自我，那么你们的关系就会日益融洽、牢固。反过来，如果你总有太多保留，那么很快就会形同陌路。

此外，就算朋友关系再紧密，也不要认为对方知道你在想什么，把你的想法和感情正确地传达给别人的唯一方法就是直接讲出来，而且一定要传递完整信息。很多人和朋友闹矛盾时，首先的选择是拒绝沟通，保持沉默，让双方在冷战中遍体鳞伤。有些人会偷偷说一些冷言冷语，表示自己的不满，而偏偏是这些只言片语，若是让对方听见了，断章取义，就会让关系更加紧张。

3. 不要用威胁的语气。

威胁性的语言会激起对方的防御心理，从而使你们的沟通更棘手。除此之外，学会用平静的语气说话，乱吼乱叫只会让你们的对话更糟糕。

林肯年轻时，喜欢评论是非，还经常写信、写诗讽刺别人。有一次，他又写了一封匿名信讽刺当地的政客，当事人十分气愤，终于要求与之决斗，要不是在最后一刻，有人出来圆场作和事佬，美国历史上可就少了一位重量级的人物。林肯后来谨记教训，终其一生，他都把一句话当座右铭："你不论断他人，他人就不会论断你。"

卡内基曾说："当一个人受到批评、责备时，是一个危险时刻！"因为每个人遇到威胁，都会进行对抗，于是乎，结局是两败俱伤，沟通完全失败。当然，更差劲的沟通是揭人家伤疤，那人家能不恼羞成怒，对你恨之入骨吗？

4. 眼神交流和微笑致意。

目光的接触是良好沟通中一个非常重要的方面，面部表情可以透露出一个人内心的感受，大量的沟通建立在非语言的基础上，眼神的交流能极大地帮助你提高沟通技巧。

笑容所以珍贵，因为那是内心的热忱流露到了外面。

美国第三任总统杰弗逊是一位很了不起的人。有一次，他骑马到乡间出游，途中遇到一条河，但是桥断了。当众人想抱着马渡河时，一名农夫出现，手上提个包包，走向杰弗逊，请他帮忙让他抱着马一起渡河。过河后，有人问农夫："你怎么知道要找我们的总统？"农夫回答："啊！我不知道他是总统。因为我只在他脸上看到 Yes，其他人的脸上都写着 No。"

你的微笑，是沟通的最好纽带。

5. 给予真诚的赞赏和感谢。

人类本质中最殷切的需求：渴望被肯定。每个人都在心底，为自己投射出一个完美的形象，我们都希望自己就像心底想象的那么美好！不要将赞美当作是讨好别人的工具。"give"是给予，就不是交换，不要求对方回报。真诚的赞美与感谢，是不带企图、没有心机的！因为赞美，可以让对方觉得你尊重他。尼采曾说："人的一辈子都在寻找重要感。"卡内基说："我们希望别人怎么待我们，我们就要怎么待别人。"所以，经营人际关系，真诚的赞美和感谢，是不可少的。

总之，有效的沟通技巧可以帮助我们改善人际关系，解决问题，同时获得更多的快乐体验。

三、心灵体操：感恩练习

有一个简单的练习可以提升你的快乐感，增强人际关系。

闭上眼睛，想出一个人，他曾实实在在地帮助过你，或者其言行让你受益良多。但你从来没有充分地感谢过他。

那么，你给他写一封信吧。在信中，你要明确地回顾他为你做过的事，以及这件事如何影响到你的人生。让他知道你的现状，并提到你是如何经常想到他的言行的。注意，要写得拨动心弦！

写完感谢信后，给他打电话，告诉他要拜访他，但不要告诉他此行的目的。见到他后，慢慢地念你的信，并注意他和你自己的反应。然后你们讨论这封信的内容，并交流彼此的感受。

当然，也许你觉得当面读，会让你尴尬。那么，就把信寄给他吧。在感恩的时候，我们的脑海里，会浮现出美好的回忆，让我们内心陶醉。同时，表达感激之情也会加深我们与别人之间的关系。

这种写感恩信的练习，可以让你用一种周到、明确的方式，体验如何表达你的感恩之情。

信先写到这里。

祝福你。

深爱你的
倪甫清
4月7日

我该感谢谁呢？杨略看完了信，不由浮想联翩。感谢爸爸妈妈、感谢葛怡、感谢欧阳老师，还有许许多多的人，列起来，将有一个长长的名单。正因为有他们在身边，他，杨略，才逐渐成长，获得人间的祝福。而信中那位父亲写给女儿的信，或许也正是爸爸的心声，以后……他又温馨地想下去，以后，他和葛怡也会有个小宝贝，漂亮、聪明、活泼，容他们疼爱，带给他们无限的欢喜……

语文课开始了，欧阳老师分析试卷中一首词，是李清照的《醉花阴》，词曰：“薄雾浓云愁永昼，瑞脑销金兽。佳节又重阳，玉枕纱橱，半夜凉初透。东篱把酒黄昏后，有暗香盈袖。莫道不消魂，帘卷西风，人比黄花瘦。”他讲解了一番，为了加深理解，又说起李清照的生平。

李清照之父李格非是苏门后四学士，所以李清照家学渊博，自小才华横溢。18岁时，嫁与时年21岁的太学生赵明诚。当时李清照之父做礼部员外郎，赵明诚之父做吏部侍郎，均为朝廷高官。李清照夫妇才貌相当，琴瑟相和，都喜爱古玩，常常典当衣服，去购买碑文，相对展玩。但因为卷入党争，两人的父亲都遭了难，先后病故。李赵二人回到故里，过了一段清静生活。赵明诚38岁时，重新被朝廷起用，二人情感却遭到了巨大危机。原来赵明诚风流自赏、寻花问柳、包养歌伎，让李清照极为失望。

“唉……”

郑乔姿忽然长叹一声。

曾泉又趁机卖弄学问了。他和郑乔姿颇有些一唱一和。

“我发现了，梁山伯与祝英台、罗密欧与朱丽叶，还有杰克与柔丝，他们是没在一起，所以故事才优美感人。那些在一起的，比如司马相如和卓文君、刘彻和金屋里藏的阿娇、赵明诚和李清照，到头来都是痴心女子负心汉。”

杨略着急起来，怕葛怡又受到这种思想的蛊惑，急忙争辩：“那你怎么不说说诸葛亮与黄月英相知相助，梁鸿与孟光举案齐眉呢？还有梁思成与林徽因，不也是白头偕老吗？”

曾泉却继续说：“白头到老？哼，也不过是白头熬到老啊。”

“你！——”

欧阳老师阻止了他们的争论，继续自己的讲授。

“虽然感情出现过危机，但赵明诚也知道，真正志同道合的，只有妻子李清照一人。有一回，赵明诚外出巡视，来到一家富户。那富户知道赵大人喜欢古书，就拿出家藏的一套白居易手书的《楞严经》给他看。赵明诚一看十分喜欢，想要购买，但富户不舍。于是赵明诚就借了两天，飞马奔回，与李清照共赏。二人点了蜡烛，细细观赏，看得喜欢，又是焚香，又是喝酒，直到深夜两点钟，高兴得都快发了疯。你说，这样高级的快乐，这种志趣相投，不是情感最有力的维系吗？”

杨略听了，深以为然，抬头去看葛怡。葛怡也恰好回头来，二人相视一笑，均感无限欢喜。

这一天，陈子轩吃罢晚饭，照例骑着自行车又来到理工学院，并且又走进那家书店。忽然，他定住了。就在靠窗的位置，坐着一个极美的姑娘，圆润的脸庞，五官搭配得极好。有双大而亮的眼睛，一派天真明澈。身材也是饱满，活力透过白嫩的皮肤，显出粉红色。虽然她留了长发，但陈子轩一眼就看出，这正是他日思夜想的储旭亮。一年不见，她的肤色日渐红润迷人了。

他的心脏怦怦直跳，又不敢走近，就绕到旁边的书架，透过书的间隙，时常向她瞄上一眼。她在看书，用耳塞在听歌曲，对他的目光浑然不觉，却平添几分娴静妩媚。

不知过了多久，她站起来，踮起脚去取一本高处的书，手举得高高，小小的T恤也提起来。一截雪白的腰，如凝着一波涌流的白浪，弧线优美，下面更有岛屿柔和地隆起。

他有些口干舌燥。

然后她拿着书，去了收银台，小嘴微微抿着，似挂着一丝笑意。付完了钱，她把书塞进乳白色的背包，披上一件黄色的风衣，走出书店，骑上一辆自行车，轻盈地向前去了，风衣随风飘摆，身材线条优美流畅。他竟不自觉地跟了上去，也骑上车，尾随于后。是的，难得一见，他万万不肯错过了。

路灯下樟树无声地沉默着。在明与暗之间，偶尔有人经过，看不见表情，走得无声无息。

储旭亮骑出学校，继续往前。这是周末，她这是要回家吧。

路况并不好，不时有裂痕出现，在晕黄的路灯下并不明显，直到车轮碾上去，咯噔有个落差，才让人感觉到危险的存在。行不多时，路边出现悬铃木、广玉兰，将灯光遮得更为朦胧。

他一路尾随，与她相距五米左右。若有红绿灯，他早早停下，不让她发现。有时他有些恍惚，想紧踏几脚与她并肩，向她打招呼。该怎么开口呢？她还认识我吗？

胡思乱想间，竟没有发觉前面已亮起红灯，他差点超上她。一阵慌张，连忙拐到边上的人行道，隐在树荫里。幸喜她不曾发现。

她在一家面包店前停下，打了声招呼，里面随即有人迎出来，是个短发的女孩，瘦小平凡，应该是个兼职的大学生。他走也不是，停也不是。刚好旁边有辆大巴车。他将车停在一边，躲在阴影里眺望。储旭亮和那女孩是熟识的，互相开玩笑，有时笑得弯下腰去。她是如此开朗而健康啊。陈子轩不由得感叹。

大巴车忽然开动。他一时惊慌失措，急忙调转车头，拐了弯往回骑出好一段距离，这才停下。心怦怦地跳。约莫过了三分钟，他再返回，却见店前空无一人。前方灯光昏暗，路人又多，看不到她的身影了。

他原本应该回去，却又追随上去，一路寻觅，过尽千帆皆不是，路面偏又凹凸，车子一直弹跳，倒让他有些清醒了。我这是在干什么呀？他开始自责，正要回头，却发现了她，正在前方不远处，依旧骑得从容。进入一条小巷，路人渐稀，幸好广玉兰高大繁茂。他跟在后面，也不易被发觉。

她放慢了速度，穿过一道铁门进去了。他完全没有机会去打招呼了，一时有些沮丧。他抬头，小区的名字是“明月润居”。啊，储旭亮，你真是一轮明月啊。他望着她的身影渐渐隐没在树丛中，不由愁肠百结。

“以后，还能遇见你吗？”

他看不见储旭亮了，这才慢慢骑车回去，一路回想着以往的一幕幕。回到寝室，他在床上开始作画，将这一天的经历化作八幅漫画，讲述了一个唯美而忧伤的尾随故事。

“下次，一定把画册交给她。她……会懂的。”

第九章

爱伦·弗朗西斯说："这种紧张、易怒的恶性状态以及焦灼的感觉耗费精力，使人的工作效率下降到可怕的程度。"当我们深陷焦虑时，要用理智来战胜它，通过风险评估，告诉自己，这事不会有灾难化后果，自己能应付，同时采取行动来解决问题。因为采取行动可以增加我们解决问题的可能性，并且提供重要的推动力。

自从祁月回到班级之后，大家都格外关注她，各科教师都倾尽心力，告诉她一些学习方法，同学们与她结成学习联盟，生活上也处处相帮，这让她倍感温暖，似乎获得了新生，学习上也有了起色，在第二次模拟考试中，她居然进入全班前二十，整整进步了二十名！这种成绩，自然让人刮目相看。而她呢，一时心境开朗了许多，走路昂首挺胸，迈步也分外有劲儿。有时碰到老师叫住她，她预知到老师肯定会表扬，就站在那里，做出羞涩的表情，心里却如同喝了蜜糖水。

但随着时间一天天过去，第三次模拟考试临近了。祁月想再接再厉，在这次考试中取得更大的进步，一举进入全班前十。但她不知道，原先她已沉入谷底，所以稍经振作，即可一跃而起。但越是往前，越是高手如林。大家百舸争流，寸步不肯放松。祁月要想迈进前十，那是极为困难的。但她已经被胜利冲昏了头脑，内心的渴望越发强烈了。

祁月似乎又回到了初中，她在全班位居第一，春风得意，众人追捧。她似乎相信，这种荣光在高中也能重演的。于是她故态复萌，放弃了所有的娱乐时间，埋身于书山题海之中。

“祁月，我们去外面走走吧。”下课时，别人这样约她。

“你去吧，我做好这道题。”

“祁月，我们去打排球吧。”下午第四节课是运动课，别人这样约她。

“你们去吧，我看完这几页书。”

其实，祁月看到同学们在走廊上聊天，去操场打球，心里非但不羡慕，甚至还有几分窃喜，觉得龟兔赛跑，兔子们自由散漫的时候，她这只吃苦耐劳的乌龟，片刻不停，已然赢得了先机。她在这种想法的指引下，更是抓住一切时间来学习，早起晚睡，吃饭匆匆忙忙，连上厕所也是一溜小跑，一路默念几个英语单词。

然而，祁月很快就发现，在几次小测试当中，自己似乎并没有获得如期的进步，只是徘徊不前。而那些自由散漫的兔子们，也似乎没退步。

“坏了，真的是我脑子笨？”

这样一想，祁月顿觉懊丧压抑，心里头就像塞进了一块什么东西，绵软、腻韧，像一段浸了水的海绵，吐不出，挤不干，并不疼痛，却又噎得慌。白天倒也罢了，要做题就做题，要听课就听课，自修课上虽然头晕脑涨，但竭力振作，也能应付过去。可一到晚上，不知道有多少想法在她脑子里打转，一会儿像放烟花，乒里乓啷；一会儿呢又到了大马路，车子来回穿梭，就没个安静的时候。她睡不着，就听点英语。但听着听着，却又走了神，居然会想到很久以前的一些小事。

“我这是又要犯病了吗？”

她忧心忡忡。幸亏这一回，她有了上次的教训，有事不再憋心里头，已经学会求救了。因为压抑情绪和想法，就等于把火药填进枪膛，然后一点点捣实，总有一天会爆发的。她找到了欧阳老师，说明了状况。

“你去心理咨询室吧，曹老师会帮助你。”这是欧阳老师的建议。

其实，自从祁月从医院回来，曹老师定期会帮助她。不过，在祁月看来，总去咨询室，会遭同学嘲笑，因此去得极少。然而这次，又是火烧眉毛，她两害相权取其轻，就走进了心理咨询室。

曹老师是个30来岁的年轻人，身量不高，却极文雅，穿着洁白带条纹的衬衫，正在看一本厚厚的图书，看到祁月进来，忙起身相迎，让她坐下，又给她倒了杯水。

“祁月，你来啦。我能帮你什么吗？”

咨询室内陈设简单，不过一个白色书架，摆着各类心理学图书。旁边是浅蓝色长沙发，墙上挂着清新的水彩风景画，画的是蓝色的大海，和同样蓝色的天空，几点白鸥在飞翔。在这里，祁月心里总是轻松的。她接过了水杯。

“曹老师，我，我最近感觉心里头堵得慌。”

曹老师在她旁边坐下了，温和地问道：“能说具体一点吗？”

“我晚上睡不好，白天昏沉沉的，但一想到被别人超过，就不敢有半点放松。我现在感觉到心跳得好快啊……”她用右手捂着胸口，“扑通扑通地，特别是晚上睡不着觉时，甚至心跳声音都听得到。那时候，我就拼命告诉自己，睡吧，快睡吧，不然第二天就没精神啦。最后的结果，是睁眼到天亮，第二天强打着精神，肿着眼泡去教室。”

曹老师知道，祁月是典型的上进学生，对自己要求严格，乃至严苛，而且带点急躁，希望一用功，成绩就能立竿见影地提高。

“你感到很焦虑，对吗？”

“对，一想到离高考只有一个多月，我心里就发慌。”

“别担心，无论是谁，面对高考，心里总不能轻松。记得当年，我在考试时，监考老师发下试卷，我看着上面的题目，忽然一阵天旋地转，心跳快得出奇，几乎要从嗓子眼里蹦出来。幸亏我当时学了点自我放松法，心里才慢慢平静下来。”

祁月最怕的就是自己也遇到这种情况，关键时刻掉链子，三年之功毁于一旦。

“当时您是怎么自我放松的呢？”

“今天我就教给你方法，以后每次感到焦虑，就反复练习，让内心变得放松。”

曹老师让祁月躺在沙发上，并开启了旁边的CD机。

祁月乖乖地躺下了，但双手还紧张地护在胸口，捏着小拳头。轻盈的乐曲充满了房间。祁月听得出，是《人鬼情未了》的插曲，但换了一个女音，嗓音轻盈、温和，配上中提琴的缠绵，让她的心微微颤抖，却又无比妥帖、安适。

“祁月，你想象一下，此刻，你躺在草地上，阳光很温暖，天空很蓝，风轻轻地吹拂着身体，你的头发在风里飞扬，于是，你的脸部放轻松了，眉头放轻松了，眼睛放轻松了，鼻子和嘴巴，都放轻松了……”

祁月很自然地进入了想象。音乐如同一阵暖风拂过，树叶子在轻轻摇晃，小溪在淙淙流淌，除了偶尔有鸟鸣，其余都是安静的。而她，正躺在溪边的草地上。曹老师每说到一处，她就轻轻动一下相应的部位，感觉自己是一团皱巴巴的纸球，被音乐左一揉，右一抻，就一点点舒展。终于，浑身都平整了，轻盈了，飘起来了。她不由又想到了乡间的五月。小时候，她要帮家里干活，在田里割草，累了，索性就躺倒在紫云英里，青涩的草香灌满了肺叶。她嚼着花茎，看梨树抽出柔嫩油亮的新叶，天空里掠过轻灵的燕子。

“感觉好些了吗？”

曹老师的声音把祁月拉回了咨询室。

“好多了。”祁月坐起来。

“那我们做些题目，好吗？”

曹老师递给她一张纸，上面是三个问题。

一、你的学习目标是什么？

二、你的学习动力是什么？

三、你怎么看待成绩？

祁月接过来，并未花费多少时间，几乎是一挥而就，就把答案填上了。曹老师看到她的答案极简练：

学习目标——考大学；

学习动力——考得比别人好；

看待成绩——考得好时怕退步，考得差时很恐慌。

最后一个答案，倒还有点对仗。曹老师微微一笑，拿起笔，在每个答案后面都写上了三个字：“为什么？”

祁月顿时茫然了。为什么？考大学，考得比别人好，这是每个高三生的心声，和 1+1=2 一样，乃是公理，还需要论证吗？还有，考得好时怕退步，这叫忧患意识；考不好就恐慌，这不是知耻后勇吗？这有什么问题呢？估计所有同学都是这种心态吧。

曹老师又用手指点了点那三个字，探询地看着祁月。

祁月嘟哝道：“我觉得没有为什么呀。现在我的任务就是考大学，就是要考大学，考上了，就什么都好了。为了这个，我基础不太好，就得拼命。既然拼了命，肯定要考得更好。”

“那结果如你所愿吗？”

“没有。”

祁月的头低下去，声音也低下去，沉入酸楚的记忆里。

“一直没有吗？”

“那也不是，前段时间进步挺快……可是。”

对于她的进步，曹老师是了如指掌的。但他深知，进步只会让人暂时快乐，对于深层的内心喜悦，并没有多大影响。许多人能胜不能败，能进不能退，便是内心不够强大。

“那对于这些进步，你是怎么看的呢？”

祁月的眼中似乎闪烁了一点兴奋，但随即又熄灭了。

“还不错，可是，离我的目标差得很远……”

“那你的目标是什么？”

“班里前五，不，起码，前十吧。”

“就像你在初中时那样？”

一听到初中，祁月抬起头来，眼波流动，脸上也焕发出一种光彩。那真是一段光辉岁月啊，在那个乡镇中学里，周边是一畦畦的农田，水稻、麦子、甘蔗，间杂着桃梨杏梅，一直延伸到不远处的山林，教室里都听得见犬吠、鸡鸣，时光慢悠悠的。课间，尤其是午后，大家都能蹚到田间去，爬到山顶上去。而她读书是用心的，成绩是领先的。老师器重她，什么竞赛都让她出马，成功了就庆祝，失败了就安慰。同学都钦佩她，也喜欢她，相处是和睦的。每天上学路上，她想到同学，想到上课，内心充满了期待，脚步就轻快了许多。那些日子，真的一寸寸都是快乐的、无忧的。

可惜一到高中，好日子就过完了。她忽然从云际跌落，变得默默无闻，平庸地湮没在人群之中。可是，品尝过初中时的光辉和荣耀，她就想再次品尝。她相信事在人为，相信天道酬勤，相信一切人生逆袭的励志话语。她在笔记本上写着：“哀兵必胜！”一撇一捺，像是用刀锋劈成的。但是事情并没有她想象得那么容易，那么水到渠成……

曹老师等不到她的回答，开始担心她陷入循环的忧思中难以自拔。

“你现在觉得焦虑、抑郁，你知道它们的根源是什么吗？”

“我想，是高考的压力吧。”

曹老师摇了摇头：“不一定。高考压力对于大家来说都是一样的，但有的同学很轻松，有的同学很压抑，你知道为什么吗？”

“有人成绩好，就轻松；有人成绩差，就压抑。”

“可有些成绩好的，还想再好，于是压力很大。而一些学生基本放弃了高考，整天自由散漫，你觉得他的压力大吗？”

祁月若有所思：“那您说，焦虑和抑郁的原因是什么呢？”

“是内心的信念，或者说，是信条。”

“信条？”

“我简单说明一下。外界的压力，要通过信条的筛选，才能引发具体的感受，再表现为情绪。不合理信条有三种：一是绝对化要求，比如‘我必须成功’‘我必须超过别人’，绝无退路；二是过分概括化，以偏概全，以一概十，稍有失败，就觉得自己一无是处；三是灾难化思维，一旦有坏事发生，结果就必然糟糕之极，于是陷入焦虑抑郁中难以自拔。”

这些言论，是杨略爸爸说过的，只是祁月并未看过那些信，所以曹老师的话，祁月觉得很新鲜，一条条认真地听，脸上越来越凝重了。

“我好像，每条都占了……”

“所以你感觉这么累。”

曹老师说了一个故事。在他老家隔壁，住着夫妻二人，都是70岁出头，早年间过惯了苦日子，面朝黄土背朝天，汗珠落地摔八瓣，遭过饥荒要过饭，一辈子恓恓惶惶，至今还住在泥房里，大白天里面也黑魆魆的。老爷子向来身体不好，地里的活儿都是老婆子干的。谁知老婆子十年前中了风，眼歪嘴斜，很是吓人。幸喜抢救及时，平常干惯了农活，身子骨硬朗，所以挺了过来，只是脚有点瘸，手指伸不直，重活是干不了了，只能养些鸡鸭，每年的收入自然是低微的。儿女日子也紧巴，只有年底才给他们千八百的。这些年，他们领上了补贴，但两人加起来，每月不过一百二十块。

“可就算这样，老两口每天却都说日子快活，钱都花不完，老了老了还享福了。你知道为什么吗？”

“是他们懂得知足常乐吧。”

“可以这么说，如果更准确地说，是他们的能力够得着目标。收入虽然低，但他们菜自己种，鸡蛋在鸡窝躺着。说到花钱的地方，也不过是隔三岔五买点肉，年底了买身新衣服，其他的花销基本没有。而他们的目标，也不过是衣食无忧。所以钱不多，但的确够用。”

祁月点了点头。毕竟是初夏，接连几个大晴天，气温陡然升高。曹老师穿了件白色衬衫，袖管虽然卷起来了，但说得激动，脸上手臂上还是浮起一层微汗，但他完全顾不得了。

“另外一户人家……”曹老师又说道，“情况却截然相反。丈夫本是中学老师，退了休，每月领着四五千的退休金，在农村里这可算是高收入。两个儿子修电器，收入很不错，也都孝顺。照理说，他们的日子应该过得风光体面，舒坦无比了吧。可他们家时常吃不上饭。你肯定奇怪了，这么有钱，怎么混得这么惨？其实也不是没钱买米买菜，而是没人烧。他老婆算是个工作狂，家里挺富足了，她却不闲着，整天干活，做衣服、缝被套，忙得连做饭时间都没有，还时常怨天尤人，絮絮叨叨。你说，她这是图什么呢？”

“我不知道。”

“说是要给孙子准备点家产。这就好笑了，她儿子不是挺能干吗，还缺她那点钱？其实呢，她一心一意的，就是要活得比别人强，过得比别人好。可是呢，她能力却是不足的，但又不自知，于是拼了命，把有限的生命投入到无限的攀比中去。可见啊，人活到最后，活的就是心态。”

祁月听懂了，她的手轻轻抚摸着沙发的皮面，有些不知所措。

“曹老师，你是说我心气太高了，对吗？”

“你觉得呢？”

“可是，一直以来支持我的，就是这个大学梦。梦想没了，我就什么都没了。我就找不到人生的意义了。”

“我不是让你不要梦想，而是希望你换一种表述，是‘努力追求梦想’，而不是‘我一定要实现梦想’。”

他将祁月手中的纸拿过来，添上了几个字，于是就变成了：

学习目标——努力考大学；

学习动力——努力考得比别人好；

看待成绩——考得好时享受成功的喜悦，考得差时发现问题，重新上路。

“总之，我希望你能了解自身能力，制定合理目标，享受学习过程，淡化成绩意识，坦然接受结果。”

祁月默默地看着这些字，又听着曹老师的话。不知怎的，她心头那块海绵裂开了，大块的化作一股烟，就此消散了。小块的还在心里搁着，藏在角缝里，时不时会探出头来，让她难过焦虑一阵子。但她相信，自己有办法对付它们。

当然，在高考面前，焦虑的绝不止祁月一人。为什么单说她呢，只是她更明显，并接近于病态罢了。其他同学呢，自然也都焦虑，很有几个一到模拟考，晚上就失眠，第二天晕头晕脑，考完就痛哭流涕。

杨略虽然总做出一副气定神闲的样子，但一想到高考，就觉得心慌气短。以前他虽然谴责高考，但总认为高考还是远在天边的事情，骂高考，就宛如骂无恶不作的大坏蛋，过瘾而无害。谁想，这么快，高考就迫在眉睫了，四十多天，三十多天，如今满打满算，也就一个月了。他忽然觉得，还有好多书没有看，很多题没有做，总觉得没有十足把握。唉，还是之前太放松了，要是高中三年都是此刻的劲头，那清华北大还不是探囊取物？甚至，他都有复读一年的念头来了。

要是再给我一年，铆足了劲儿，就算用题海战术，地毯式攻击，那也绝对是……不过，学校往年都有复读生，虽说时间充裕了，但压力更大，考试成绩往往比上一年提高不了多少。

“估计人也是有极限的吧。我的极限又在哪儿呢？”

这几次模拟考试中，他成绩有了进步，但毕竟不够稳定，所以心里感到焦虑，于是和爸爸说了状况。才隔了两天，他就收到了爸爸的来信。

第九课　用智慧战胜导致焦虑的信条

亲爱的杨略：

见字如面。

你说自己心里总是悬着什么，绷得紧紧，难以放松。是的，面对高考，你在焦虑。焦虑是什么？你看，“焦”字，上“隹”下“火”，小火烤小鸟，属于慢慢地煎熬。“虑”为远虑。一切焦虑，都源于对未来的不确定、不肯定，难以把握，而产生的煎熬的感觉。其实，不单是你，这几乎是一种时代之病了。

一、最好的时代，最坏的时代

我们处在一个最好的时代，我们又处在一个最坏的时代。

为什么说这是最好的时代呢？在当前的中国，一个人不论身世如何，但他依然可以相信，生活充满各种可能。此刻虽然衣衫褴褛、貌不惊人，说不定明天就成为企业家、科学家、作家、大律师，爬上社会金字塔的上层。于是整个社会呈现出积极、进取的势头。或许你会说阶层板结，富二代、官二代赢在了起跑线上，但对比旧时的血统论，还是好了太多。

可是，我为什么又说，这是个最坏的时代呢？

有一回，我去外地讲学，遇到一个朋友，40余岁，博学诙谐，颇多妙语。在车上，他一边打方向盘，一边笑道："这个时代，做男人难，做不成功的男人是难上加难。"

一车人听了，都会心而笑。

的确，在我们这个时代，成功人士威风八面，意气风发。尤其是那些白手起家者，名利双收之后，常常是一拍大腿，畅想往事：嘿，想当年，我靠蹬三轮车挣了几百块钱，然后练摊……言下之意，就是我不靠天、不靠地，全靠自己的聪明才智、英明神武，才有现在的这份荣耀。其他不成功的人听了，也无不景仰，同时也深感惭愧，并油然而生沮丧之情：莫非我真的素质低下，才混成这样？

这些观念，让安贫乐道的人坐不住了，心里盛满焦虑，不满于现状，又不知如何奋起，于是各类励志书籍应运而生，教人怎样获得成功。这些书往往颇为畅销。而很多励志书，其实"励"的不是"志"，而是"欲"，甚至传播着"厚黑学"，强化了一个人只有获得财富和地位，才算真正的成功。

这种情况令人担忧。

英国作家阿兰·德波顿将这种现象称为"身份的忧虑"。他在同名书中说，在欧洲的中世纪，人和人是不平等的，大家也习以为常。而且没有中国的科举制度，朝为白衣、夕为卿相的事情，基本上不会发生。所以，有的人天生就是国王，是贵族，是人上人，一辈子享尽荣华富贵；有的则天生是农民，是仆人，一辈子做牛做马。但因为命运是上天注定，无法改变，于是大家也都接受了，内心还算平静。

后来通过一系列的革命，终于人人平等。尤其在独立战争后的美国，仿佛一个纯真干净的新生儿，民主、自由蔚然成风，每个人都拥有了教育权、选举权，不愁吃穿，活得很有尊严。但与此同时，“身份的焦虑”悄无声息地出现了。

怎么理解这种焦虑呢，举个简单的例子：张三原本过着挺不错的小日子，有一天早上，他喝着牛奶，吃着早点，悠悠然翻开报纸，忽然眼睛定住了。你猜猜他看到了什么？原来是他的同学李四在上面，西装革履、笑容满面，获得了什么商业或科学大奖。张三心里顿时酸意蒸腾，将报纸一扔，哼，李四算什么玩意儿，当年还抄我作业呢！

我们号称“人人平等”，既然“平等”，为什么你有钱，而我没钱呢？而且，现在的成功人士，都显得那样道德高尚、光彩照人。比如比尔·盖茨，是科学家，是蝉联的首富，也是慈善家。张瑞敏呢，是企业家，是智者，也是中国崛起的象征。他们都是时代的宠儿。

这些宠儿成为榜样，无数年轻人心灵得到激励，觉得人生苦短，又没有来生，当然要抓住有限的生命，奋力拼搏，获得成功。这种精神，无疑给社会注入了无限的活力，也是当代社会舆论、学校教育所极力推崇的。

可是，我们也应看到，只有少数幸运儿把握住了良机，脱颖而出，实现他们的梦想。而更多的人，也同样优秀，也同样有梦想，但因为缺少了机遇，不能改变自己的地位，于是变得焦虑、消沉，自轻自贱，因为他认定了死理：贫穷不仅仅是经济问题，而且还是素质问题，说明一个人不聪明、不努力、不执着。这种心态发展到极致，就酿成了心理问题。

二、正反两面看焦虑

其实，焦虑是觉得将要发生坏事情时所感受到的担忧和畏惧，常伴随着不愉快的躯体症状，例如心跳和呼吸加快，肌肉紧张和出汗。每个正常人都会偶尔感受到焦虑；但是，强烈的持续的慢性的焦虑会成为最具杀伤力的疾病之一，严重损害我们办事情的能力，让我们无法享受生活，并且让我们感到世界很不安全。

焦虑情绪是有作用的，是进化本身促进了焦虑的出现。因为对动物和人来说，焦虑都有利于生存。在上百万年的进化中，焦虑提高了我们探测环境中威胁的能力，并且让我们迅速增强能量，帮助我们逃离那种威胁。

而在今天，我们感受到的威胁往往是情感上的，而不是人身安全方面的——比如考试的压力、前途的忧虑、紧张的人际关系等。尽管这些情况不会对我们的生存造成立即的伤害,我们依然当作自己的生命受到了威胁。

在很多情况下，过于紧张并准备采取行动却不再有好处。实际上，持续的焦虑所导致的生理变化反而会产生一些问题，例如头痛、肌肉抽筋、肠胃不舒服、神经过敏、脾气暴躁、筋疲力尽甚至惊恐发作。不单是成绩一般的学生焦虑，成绩优秀者也同样焦虑，甚至更加焦虑，因为他们的自我要求更高。

以蔼怡为例，我们都知道，她是一位品学兼优的学生，可父母期待很高，希望她成为状元之才，从小就给她灌输种种思想，让她丝毫不敢懈怠。所以她尽管成绩不错，却经常感到焦虑。成绩好的时候，她害怕以后能否保持；成绩不好的时候，她担心自己是不是江郎才尽。尽管她在同学心目中是优秀生，她却还是焦虑，这让她难以享受自己的成功，难以对未来保持乐观。

那么，到底是什么造成了焦虑呢?

其实，焦虑是指我们由于不能达到目标，或是不能克服障碍的威胁，致使自尊心与自信心受挫，或者导致失败感和内疚感增加，形成一种紧张不安，带有恐惧的情绪状态。

焦虑主要有以下四个原因。

（1）担忧：关注坏事情发生的可能性，有焦虑倾向的人顾虑太多，其中有些人总是为这样那样的问题而担忧。这有时候被称为“万一综合征”，因为当事人关注的是发生负面事件的可能性。

（2）保持担忧：认为担忧会预防坏事发生。其实，焦虑所造成的痛苦，超过我们害怕的情况所造成的痛苦。我们大部分的痛苦来自负面的预期而非事件本身。

（3）恐怖化：觉得事情很糟，远远超过实际情况。把事情恐怖化之后，我们就过高估计了发生坏事情的可能性，并且夸大了出事之后的不良后果。

（4）完美主义：尽管我们想把事情做得完美，但总有时候我们做不到。结果，我们变得很焦虑，因为我们可能达不到自己的高要求。完美主义让我们踟蹰不前，因为我们怕自己做得不好，于是难以起步。对控制的过度追求，对赞许的过度追求，也会造成焦虑。

爱伦·弗朗西斯说："这种紧张、易怒的恶性状态以及焦灼的感觉耗费精力，使人的工作效率下降到可怕的程度。因为很大的精神能量都花在无用的操心上面去了，而正经八百的事情却无力去完成了。我们借用莎士比亚的一句话：勇敢者只死一次，但是，有普遍焦虑症的人死一千次。"

三、焦虑自测

"焦虑自评量表分析系统"是根据 W.K.Zung 于 1971 年编制的"焦虑自评量表（Self-Rating Anxiety Scale，SAS）改编而成，请独立地、不受任何人影响地自我评定。下面有二十条文字，请仔细阅读每一条，把意思弄明白，然后根据您最近一星期的实际情况在对应的选项里划，每一条文字后有四个选项，表示：

A. 没有或很少时间；

B. 小部分时间；

C. 相当多时间；

D. 绝大部分或全部时间。

1. 我觉得比平时容易紧张或着急。	（A）	（B）	（C）	（D）
2. 我无缘无故就感到害怕。	（A）	（B）	（C）	（D）
3. 我容易心里烦乱或感到惊恐。	（A）	（B）	（C）	（D）
4. 我觉得我可能将要发疯。	（A）	（B）	（C）	（D）
5. 我觉得一切都很好。	（A）	（B）	（C）	（D）
6. 我手脚发抖打颤。	（A）	（B）	（C）	（D）

7. 我因为头疼、颈痛和背痛而苦恼。（A） （B） （C） （D）
8. 我觉得容易衰弱和疲乏。（A） （B） （C） （D）
9. 我觉得心平气和，并且容易安静坐着。（A） （B） （C） （D）
10. 我觉得心跳得很快。（A） （B） （C） （D）
11. 我因为一阵阵头晕而苦恼。（A） （B） （C） （D）
12. 我有晕倒发作，或觉得要晕倒似的。（A） （B） （C） （D）
13. 我吸气呼气都感到很容易。（A） （B） （C） （D）
14. 我的手脚麻木和刺痛。（A） （B） （C） （D）
15. 我因为胃痛和消化不良而苦恼。（A） （B） （C） （D）
16. 我常常要小便。（A） （B） （C） （D）
17. 我的手脚常常是干燥温暖的。（A） （B） （C） （D）
18. 我脸红发热。（A） （B） （C） （D）
19. 我容易入睡并且一夜睡得很好。（A） （B） （C） （D）
20. 我做恶梦。（A） （B） （C） （D）

【计分】

正向计分题 A、B、C、D 按 1、2、3、4 分计；反向计分题按 4、3、2、1 计分。反向计分题号为：5、9、13、17、19。

总分乘以 1.25 取整数，即得标准分，分值越小越好，分界值为 50。

你的得分是：________。

四、焦虑的控制

对于焦虑情绪的控制，和对付抑郁情绪一样，都是用理智去淡化焦虑。

第一，不要把事情想成一场灾难。

1. 对大多数人而言，我们所害怕的事情中有九成最终没有发生。

2. 我们所害怕的事情即使变成了现实，后果也没那么严重。

第二，风险评估。

灾难化的想法，让我们失去了客观看待事情的能力，我们的视角遭到扭曲，坐井观天，而不是纵观全局。

工作表：风险评估
1. 明确你所担忧的事情。
2. 给你的焦虑感受打分（从 0 到 100%）。 ________
3. 这一情况的最坏结果可能是什么？
4. 评估这种结果发生的可能性（从 0 到 100%）。 ________
5. 有哪些因素可以减少这种结果发生的可能性？
6. 实事求是地说，最有可能发生什么？
7. 哪些思路可以帮助你客观看待事物？
8. 你可以采取哪些行动？
9. 实事求是地说，最糟的情况发生的可能性有多大？
10. 重新评估你的焦虑感受（从 0 到 100%）。 ________

第三，客观衡量担忧的依据。

写下支持或反对我们灾难化想法的全部依据，然后以这些依据为基础，得出当前处境的更妥当的观点。就像风险评估一样，这样做可以让我们客观、冷静地评价当前的处境。

工作表：衡量依据			
灾难化的想法	支持该想法的依据	反对该想法的依据	新的、妥当的思路
1.			
2.			
3.			
4.			

第四，应对性的陈述。

从前面的步骤中，总结过一句简单的话，提醒我们用更健康、更合理的心态看待问题，从而改善心情。

（一）重要性：这并不是致命的问题，这并不重要！5年之后，这不会留下什么影响。顺其自然，情况没那么糟糕。

（二）能否掌控：我能挺过去的。不论发生什么情况，我都能应付。这不是我能掌控的，随它去吧。

（三）宽容自己：我有偶尔犯错的权利。总有时来运转的时候。

（四）责任：不是我的错！

第五，行动。

当我们身处压力之下，当我们面对富有挑战的情况，重要的是采取一切行动来解决问题。正是要面对问题采取行动这个决定，可以增强我们对事态的控制感，从而减轻我们的焦虑。

在大多数情况下，只要我们觉得可以有所作为，就要早一点采取行动，去完成那些当前需要做的事情。拖延只会延长痛苦，并不能帮助我们解决问题。另一方面，采取行动可以增加我们解决问题的可能性，并且提供重要的推动力。

五、心灵体操：放松、品味

深度放松技巧也有些用处。比如渐进式肌肉放松、冥想、让人平静的想象，能使人心率变慢，呼吸变慢，血压下降，肌肉松弛，氧耗减慢。至于具体方法，我们在训练自控力时已经说过，只说一个简便的办法，可以在考场中运用。

（1）身体自然坐正，靠在椅背上，闭上眼睛。

（2）做一次舒畅的深呼吸，徐缓、平静地呼气。呼气时，对自己说“放松”，想象着“紧张”随呼气排出了体外。

（3）做深呼吸时放松，把手臂悬于体侧，感到温热的血流进入双手。想象着“紧张”也随之从指尖流了出去。

（4）反复数次屈伸手指，放松手指肌肉，以促进血液循环。

（5）轻微变换一下身体的位置，以便使更充足的血液依次流到全身各处。

（6）舒展你的双臂、双腿和腰背。

（7）再做一次深沉而徐缓的深呼吸，并在呼气时默念“放松”，然后开始做题。

以上这一过程大约在三十秒钟或更少的时间内就能做完。通过这样的放松，可以解除考试中的怯场现象。

我们这里再介绍另一种办法，就是品味当下。

人生有很多快乐是自足的，不需要财富、掌声或旁人羡慕的眼神。当一个人的心灵足够敏感时，荷塘夜雨声、穿透竹林而洒落满地的晨曦、青草的芳香与露水的晶莹都能让人心旷神怡，即使是草地上不起眼的小花也能让人惊艳、心喜。或者阅读一本难得的好书，看到一部启人深省的好电影，解开困惑多年的人生课题，都是所费有限而乐趣无穷的。

世界充满玄妙，一花一草，都神奇无比。人生充满美好，每时每刻需要我们用心去欣赏。

人生旅途中，应该留意身边的细节，从中体会到美感。

在春暖花开的时候，我走在小区里，看到一树海棠，开得那样明艳，于是站在树下小立了片刻，看蜜蜂振着翅膀，在花间飞舞，看细小的花瓣，轻轻地滑落，一片落在面前，另一片落在我的童年，于是想起了无边的往事，心也变得粉红了。

你如果能在做题的空闲时间，站起身来，去四处走走，看青草如何从地底冒出，像大地放射的绿色光芒，听听清脆的鸟鸣，感觉到清风抚摸着皮肤。肯定会觉得陶醉，会感到全身心的放松，心态会更加平和，等收起心神，继续去做题，也应该会更有效率。

不光如此，我们的生活，只要用心打量，其实充满了赏心乐事。张爱玲写过一篇文章，叫作《道路以目》，说的是走在路上，用新鲜的目光，看人生百态，饶有趣味。她看到烘山芋的炉子，从样式到颜色，都和山芋相似；她看到自行车轮上装红灯，轮子一转，红圈滚滚，非常流丽。我们还可以延伸开去，在公交车上，看个人的表情，或从容，或焦急，或者干脆沉入睡乡；在楼顶，看楼下人如何甩手走路，十分好玩；夜晚看万家灯火，想象其中的故事，都非常有趣味。

懂得这样品味，你的内心就会宁静、放松。

六、做好心理准备才能有好成绩

最后，除了我们应用理智淡化焦虑的方法，再来谈谈考试时应具备的心态吧。当然，因为在考场里，你不可能列出几个表格，所以我们采用简便的方法，一切都在大脑中迅速进行。

如果你进入考场，拿到试卷，一看题目，顿时当头一棒，第一题不太会，先看第二题吧，又没感觉。如此看了几题，心中开始发慌：完了，完了，这次肯定完了。这一慌，脑子里一片空白，本来会做的题目也不会做了。这种现象称为“慌场”，几乎每个学生都会遇到这样的情况。

这时，你要怎么做呢？

第一步，不要把慌场想成一场灾难。

1. 我是做好了充分准备，才坐在这里考试的。只要正常发挥，考试不会一团糟糕。就算发挥一般，只要在其他科目上抓紧，还是可以弥补的。

2. 我感觉难，大家都难，怕什么？高考比的不是成绩，而是排名。

第二步，风险评估。

工作表：风险评估
1. 明确你所担忧的事情。 题目很难，做不出来。
2. 给你的焦虑感受打分（从 0 到 100%）。100%
3. 这一情况的最坏结果可能是什么？ 排名落后。考不上好大学。
4. 评估这种结果发生的可能性（从 0 到 100%）。50%
5. 有哪些因素可以减少这种结果发生的可能性？ 静下心来，做好下面的题目。 考好其他科目，弥补这门课的缺失。
6. 实事求是地说，最有可能发生什么？ 我的排名保持不变，顶多稍微下降一点。
7. 你可以采取哪些行动？ 做心灵放松操。各个击破，做好题目。
8. 实事求是地说，最糟的情况发生的可能性有多大？20%
9. 重新评估你的焦虑感受（从 0 到 100%）。30%

第三步，应对性的陈述（简短，有力，用于自我提醒）。

（一）重要性：虽然题目难，但大家都难。事情没那么糟糕。

（二）能否掌控：这些题目，我能应付。最起码，我能正常发挥。

第四步，行动。

对于难题，要各个击破。题目既然很难，那么做出一个算一个，多得一分是一分。千万不要这个题看看，那个题算算，惊慌失措，毫无头绪，而时间却溜得飞快，让人更心慌。努力静下心来，先把最简单的题目做出，有了成就感，心态就平和了，头脑就冷静了，思路也会变得清晰。

当然，现在距离高考还有一个月，你可以通过若干次大考小考，练就考试技巧，培养好考试心态，这样到高考时就不慌不忙了。

七、掌控感能从根本上减轻焦虑

我挺喜欢米奇·阿尔博姆的书，《相约星期二》《我在天堂里遇到的五个人》之类，都写得很棒。他最近的一部作品《来点信仰》，虽说谈宗教信仰和中国人有点隔阂，但其中有个小故事，让我很有感触。

有一个人到农场去找工作。他把一封推荐信递给新雇主。信很简单。信上只有一句话："他在暴风雨中睡觉。"

农场主急需人手，所以没有多加询问就雇佣了这个人。

几个星期过去了，有一天晚上，一场猛烈的暴风雨突然向这个山谷袭来。

被暴风雨和狂风吵醒的农场主急忙从床上跳下来。他去找新雇来的帮手，却发现他还在呼呼大睡。

于是他独自一人冲到了牲口棚。他惊奇地发现，动物都关得好好的，并且还有很多饲料备着。

他又冲到了田间。一堆堆麦子都用油毡布包裹得严严实实的，牢牢站立在风雨之中。

他又冲到粮仓。门锁得牢牢的，谷子都是干的。

这时候他才明白了那封信——"他在暴风雨中睡觉。"

其实，在高考前倍感压力的人，其内在原因是心虚，觉得自己还没有准备好。既然如此，那就应该抓紧时间，做好规划，按部就班，充实自己，磨炼自己。等到高考到来时，你已整装待发，腹有诗书，胸有成竹，自然信心百倍，能在谈笑之间，从容迎接人生挑战。

因为通过努力，具备了掌控感，才能在根本上缓解心理压力。这种方法，主要有如下三条：

其一，调整目标，降低期望。目标过高，令人振奋之后，因极难达到，空惹得内心焦惶而于事无补，并对自我能力产生怀疑。因此，制定合适的目标，通过努力可以达到，才能让我们有掌控感。

其二，小事入手，渐臻佳境。要练成绝世神功，也要先练扎马步，而后循序渐进，才能登堂入室。而每个小小成功，累积起来，便是大成功。同时，因为我们每天都有成就，就会有成就感，感到自己依然是命运之主。

其三，寻找娱乐，缓解紧张。允许做些娱乐，不是浪费时间，而能大大提高学习效率。我们的快乐蕴含在微小的积极情绪中，唱支动听的歌，说个有趣的笑话，与陌生人微笑，轻嗅一朵鲜花，都可以使我们内心愉悦，充满活力。

儿子，到这里，我们的快乐竞争力课程便已结束。但世界的道理，知道是容易的，做到是极难的，希望你能积极修炼，得到真正的快乐，并顺利通过高考。

我期待你的好消息。

祝福你。

深爱你的

倪甫清

5月3日

杨略看完了信，照例给葛怡看。她看完了，幽幽地说："杨略，你爸真好，通情达理，懂你，又支持你。而我家里呢，都是我妈管事，她总是对我有太高的期望，让我片刻也轻松不得。"

对于葛怡妈妈，杨略是不陌生的，知道她是个能干且严格的母亲。他很想帮葛怡，但毫无办法。他整理着信纸，忽然心中一动。

"干脆，葛怡，你给你妈写封信，把你的真实想法告诉她。"

葛怡想了一下，这倒也是个办法。平常她面对妈妈，不知怎的，在气场上就输了阵。她嘴边纵然有再多词语，只要妈妈劈头盖脸一顿说教，就一个字也说不出来，只顾唯唯诺诺，做了乖乖女，独自一人时就骂自己无能。或许，如果不当面交流，通过写信，就能说出心里话了吧。

于是她抽空写了一封。前面免不了是些感激之词，对妈妈的精心培养予以感谢，又对她的身体健康表示了关切，而后笔锋一转，有了如下一段：

妈妈，最近我感觉很累，其一是因为高考，其二是因为您的期望。您也知道，外因要通过内心起作用。我爱您，舍不得让您失望，所以压力山大。而对于高考本身，我并不那么担心，因为不是非得考上名校，才算成功。我认为，坚持理想，比暂时的成败更重要。我热爱教育事业，一想到十年树木百年树人，内心就激动莫名，有种美妙的神圣感，我想，这种感觉会一直激励着我走下去，或许以后无名无利，但我会很快乐。而你让我去读金融，读外贸，都不是我的志向。当然，你会说，这些专业很有前途。然而，不快乐的前途，对我而言，又有什么价值呢？

妈妈，马上要高考了，请您理解我，支持我，同时，也减少对我的期待。我现在的心态不是“一定要考上北大”，而是“争取考上北大”。当我这样想的时候，并不会松懈，而只会更从容，在考场上能有更好的发挥。

您能也这样期待我吗？

她尽量把措辞写得准确、婉约、真诚。写完了，又让杨略润色了一番，才把邮件发了出去。不过，她没有等来回信，而是等来了妈妈本人。第二天上午第四节课结束，葛怡和祁月走出教室，就看到妈妈在楼下朝她招手。

她有些吃惊，莫非妈妈又来兴师问罪了，所以迟疑了一会儿，才走过去。

“妈，您怎么来了？”

“瞧你说的，不欢迎我似的。”

“哪能呢，怕您忙嘛。”

“走，妈带你去吃顿好的，补一补！”

妈妈开着车，来到了一家名叫新发现的餐馆。餐馆藏在小区内，旁边绿树成荫，环境是极清雅的。妈妈预订了包厢，也点好了菜。她们一落座，菜就端上来了，群菇煲、醉虾、茶香鸡，都是葛怡爱吃的。可是她今天却无心于此，只是惦记着，妈妈会同她说什么。

“妈，您……看到信了吗？”

“看到了。”妈妈答应得很爽利。

“那您的想法呢？”

“我理解你，降低期望，你啊，就踏踏实实地考试。一切等考试结束再说。”

葛怡听出了话中有话，心里倒不踏实了，当即停了筷。

“关于我的志愿……”

“考完再说，吃菜，吃菜。”说毕，妈妈就夹了一块香嫩的鸡腿肉到葛怡碗里。

“妈，我还是想听个明白。”

“葛怡啊，我不是苦口婆心和你说了很久了吗？你要是读教育学，必须要读博士，到头来还得窝在书堆里搞研究，工资又少得可怜。一个女孩子家，可不能苦了自己。要是做金融呢，妈妈会给你创造条件，发展得比别人都容易，以后做金领，甚至钻石领，多有面子啊。新时代女性什么都得靠自己！”

葛怡就知道，妈妈的想法根本没一点变化，顿时食不甘味起来。她有点想不明白，妈妈为什么会变成这样呢？生得算是如花似玉，如今上了年纪，也是气质迷人，却一心放在工作上，拼死拼活，从不休息，而且要求别人也和她一样。于是，她对丈夫是怒其不争，对女儿是独断专行。可到头来，她又得到什么呢？丈夫被别的女人挽着手臂，女儿和她貌合神离。她当然还有个支行行长的头衔，日后可能还爬得上更高的位置。可是，她总会退休的，当她退回家庭，她还剩下什么？

这些念头，在葛怡的脑子里盘桓了很久，一直不敢说出来。但今天，事关自己的前途和命运，她憋不住了。但她毕竟是冷静的女孩，胸中纵有汩汩滔滔的浩瀚江水，说出的，依然是一股清流。

她抬起头看，看着唠叨中的妈妈：“妈，在寒假里，我看到了爸爸和另一个女人……”她停住了，不知该怎么措辞了，等着妈妈怒不可遏的追问。可妈妈一听这话，似被雷电击中，一时木在那里，脸上没有怒火，却只有苍白的额颜。

“你……你也看到了？”

“妈，您早就知道？！……”

这一惊可非同小可。在葛怡看来，妈妈要是知道这事，准得火冒三丈，虽不至于刺刀见红，但绝对能闹得天下皆知，让爸爸身败名裂。

妈妈默默地点头，脸上的表情，像是在吞咽一口极苦极涩的野菜：“他们的事已经有个两三年了。我曾和你爸闹过，但到底没个结果。他俩断不了，而我呢，也没心思管了，就这么着吧，拖着吧。幸好我还有工作，还有你……”话虽如此，但嘴角已在颤巍巍发抖了。保养精致的脸上，显出了细细的皱纹。她似乎一下子变老了。

“妈，那你们为什么不离婚呢？”

“离婚？”妈妈似乎吓了一跳，“不能，不能。我们怕影响你。你知道的，父母离异，对孩子不好。另外，一离婚，社会影响也不好。不能，不能……”她的声音低下去，像是说给自己听的。

“可你们要么吵架，要么冷战，对我是好事吗？很可能，负面影响还更大吧。”她想到了自己当初与杨略的刻意疏远，不由垂下泪来。

“我……我没想那么多。”

“妈，您为什么非得活给别人看呢。能不能为您自己活一回？爸爸都追求自己的生活去了，您干吗不去？非得假模假式地做给我看，说是为我好。可我真的不需要这种好！”

“葛怡……”妈妈看着女儿，似乎不认识她了。这还是个孩子啊，怎么说话像个大人，居然教育起她来了。不过，女儿说的也有道理啊。在单位里，给领导看能力，给同事看勤奋，给下属看威严，在邻里亲戚面前，她卖弄自己的能耐，展示女儿的外貌和成绩……只有在老公面前倒是真实的，却是一头真实的母老虎。她什么时候为自己活过呢？

“妈，其实呢，感情、事业都是一样的，都是如人饮水冷暖自知。你觉得幸福、满足，才是最重要的，不需要做给别人看。我想去学教育，不需要挣多少钱，只要活得自在，有价值感，心里痛快，那就足够了。妈，您不想这样吗？”

妈妈的眼睛里涌出泪水，把身子移过来，一把搂住了葛怡，哭得泣不成声，全然不顾泪水弄乱了妆容。她似乎从未这么痛快地哭过，尤其不曾在女儿面前哭过。她哭得很痛快，把几十年淤积的憋屈、好强、酸楚，全都宣泄出来。她的心里空了，舒坦了，轻松了，像是得到了重生。

葛怡抱紧妈妈，也痛哭起来，一下子觉得母女之间完全心灵相通了。她以前对妈妈是敬爱，现在变得疼爱了。她甚至轻轻地摸着妈妈的背，嘴里说道："妈，都会好的，会好的。"一如小时候痛哭时妈妈安慰她一样。

"葛怡……呜……你，你真的是长大了……"

陈子轩的事儿也有了结果。离高考只有一个月了，他不能时常去理工学院，所以也想暂时做个了结。他打定了主意，就去故地重游一次，接下来的一个月，他就不再去了。毕竟，学业为重，他片刻不能放松了。

周五下午，学校放了学，他又骑车来到那个书店，书包里照样带了那本画册。他并没有希望遇见储旭亮，毕竟她总共才在那儿出现过一次。他的这一举动，只是出于一种习惯，或者说，出于一种内心的需求。他在书店里徜徉许久，女孩没有出现。他本应死心，就此回去。但转念一想，今天是周五，储旭亮说不定要回家，或许，在校门口能撞见她吧。

当然，此时已经晚上七点，说不定储旭亮早已离开学校。唉，怎么早没想起来呢？他暗自有些后悔。但还是骑车来到校门口，在长椅上坐下。这时，天色基本上黑了，只有西边的天空还有一些葡萄灰，最高大的建筑物上，还抹着点夕阳的残光。校园里香樟树很多，树荫下早被黑夜覆盖了。只有几盏路灯，还有门口的保安室，还能照出几处光明。若是储旭亮经过，他定然是看得见的。

的确也有些人骑车进进出出，但都不是他要等的人。时间滴溜溜地过了半个小时，他开始有些无聊，加上草丛里蚊虫颇多，他的脸上、手臂上，很是挨了些叮咬。

"还是走吧，在这儿傻等什么？就算等上了，又能怎样？不过又是傻傻地跟一路。"

他在自嘲，身子却没动。最渺茫的希望也是希望啊。况且，他并不是因为希望才出现在这儿的。他是在自导自演一出纯情的爱情悲剧，类似《一封陌生女人的来信》，都属于爱情独角戏：我爱你，却与你无关。

啊,他又开始畅想了。也许,若干年后,他成了名,忽然发表了这本画册,并在各大媒体上倾诉他对女孩的爱慕。这，会不会成为一段佳话?

他想着想着,嘴角就带出点笑意。爱,无论是怎样凄凉的爱,都是珍贵的。

一个骑车的身影引起了他的注意。是她吗? 很像。他认出了她的身形，她的自行车，然后，她的脸庞出现在路灯之中。没错，就是她。毕竟是初夏了，她穿上了裙子。是一条白色百褶短裙，上身白色T恤，胸口是个大嘴猴，一顶粉红棒球帽盖住了长发，显得分外俏皮优美。

自然地，陈子轩又一次尾随了。

她回家的路，他已经熟悉了，就这么不紧不慢地跟在后面。她拐弯，他也拐弯。她停住，他也停住。初夏的夜里已有了几分郁热，让他微微地出了一身汗。城市里的灯光闪烁、纠缠、流动，有点光怪陆离，让他忽然有种不真切的感觉。

渐渐地，他们越走越偏僻，拐入了一个小巷。路很窄，路灯隔得老远，又被玉兰树一挡，整条路就显得黑沉沉的。汽车极少经过，就算有，也都开着远光灯，白亮亮让人睁不开眼。这儿几乎没有路人，他不好跟得太紧，就落下了一大段。

就这么骑了一段,前面是一大片河边的树林,柳荫黑沉沉的。河堤上下,白天倒有人锻炼身体，但晚上黑灯瞎火的，就全然没人了。

忽然前面“啊”一阵尖叫，再是哐啷一声，是自行车摔地的声音，继而什么声响也没有了。陈子轩听得分明，恐怕是储旭亮黑暗里看不清路，撞了石头摔了跤。他紧踩几脚，追了上去。只见黑魆魆的路上，躺着一辆自行车，发出金属的冷光。可旁边却没有人。他正在吃惊，却听到旁边灌木丛里有响声，他定睛一看，是两个黑色人影架着一个人影，往树丛里钻进去。

陈子轩的心脏都要跳出来了,手脚都有些发颤。他大喊了一声:“住手!”把车子往边上一推，借着不远处路灯的微光，从地上捡了一块砖头，冲了过去。那两个人影听到身后有喊声，也是一阵惊慌，跑得更快了些。储旭亮苦于嘴巴被捂住，喊不出声音，但她在奋力挣扎，到底让那两人的速度减缓了些。陈子轩根本不顾灌木割破皮肤，死命地冲进去。他心里只有一个念头，他不能让储旭亮被人欺负，就算搭进一条命，也不能！

那两人看到陈子轩靠近了，其中一个在捆绑储旭亮，另一个腾出手来，挡住了陈子轩的去路，手里闪过一道寒光，分明是拿着什么家伙，压低了声音喊道："小子，别过来！老实点！这儿没你的事！"

陈子轩早已忘记生死，根本不管他说什么，直冲过去，举起砖头，就朝他劈去。那人身手不赖，往边上灵敏地一闪。陈子轩扑了个空，用力又过猛，脚下绊到了点什么，就往前扑倒在地上，后背可就被那人踩住了。

"小子，滚吧，再来，我要你命！"

但陈子轩猛一转身，仰面朝上，把手里的砖头死命地砸向那人的膝盖。

"啊哟！"那人膝盖吃疼，往后一退一矮身。陈子轩趁机站起来，往前一扑，挥动砖头，直拍向那人的头顶，只听啪的一记闷响，那人往后便倒。同时，陈子轩觉得腿上一阵冰凉，随即疼痛弥漫全身。他用手一摸，左大腿上插着一把匕首，幸好只是插在外侧，没伤到筋骨和动脉，但也几乎是穿透了。他往后退了几步，想起储旭亮，回头一看，剩下的那人正一边捆绑着储旭亮，一边不时地朝这边观望。

陈子轩也顾不上腿上疼痛，一瘸一拐地追上去。剩下的那人捆好了储旭亮，也迎上前来，手里明晃晃的，又是一柄匕首。陈子轩听到后面也有动静，稍微斜了一下脑袋，发现那个挨砖的家伙摇头晃脑，也爬了起来，正一步步紧逼。

"这回是真要死在这儿了。"他心里暗想。但这样想时，他并不恐惧，倒有一股豪气直冲脑门，让他喊出了一声："储旭亮，我不会让他们欺负你！"

随即，他又喊了一声，狠了心，抓住刀柄，猛地往上一提，将匕首从腿上拔出，鲜血染湿了裤子。他又刺啦一声，从裤子上割下一块布，扎在了伤口上。他是农村人，小时候漫山遍野乱跑，有时被石头刮破，他也是这样处理。那两人看他的样子，都有些发憷了，一时倒不敢上来。

"我和你们拼了！"他又一声高喊，扑了上去。这时恰好有一辆大车经过，轮子碾得路面轰隆隆响，明亮的车灯直射进来，照见了树丛里的几个人。那两个人本来就心虚，被灯一照，如同被照妖镜摄住，又看到陈子轩血肉模糊的样子，都萌生了怯意。毕竟，他们只是想贪点享乐，并非玩命之徒。

“来啊！”陈子轩又大喊一声。

“里面怎么回事啊？”刚好有一群路人经过，听见动静，就有个男子中气十足地喊了一嗓子。那两个人一听到这句话，对视了一眼，立即仓皇地钻进树丛，沿着河道跑去了。

“快，快救命！”陈子轩坚持不住了，坐在了地上。

四五个人跑进来，拿着手机当手电，照见了陈子轩。

“小伙子，怎么了？哟，流血了，要紧吗？”

“先别管我，先救她！”陈子轩往里面一指。于是，储旭亮被松了绑，嘴里塞的东西也被取出，但还在不住地发抖，含糊不清地道谢，又委屈地痛哭起来。

陈子轩松了口气，腿上虽然还痛，但血流得不多，估计只是皮外伤吧。储旭亮止住哭泣，朝他走来，显然是要感谢。但到了面前，却惊讶得说不出话来。

“是你，陈子轩！”

陈子轩的眼泪都流出来了。她还记得我，还记得。这证明自己的一腔情思，终于不算白费。

那几个人猜不出二人的故事，看陈子轩还躺着，腿上还扎着一块布，就发问了：“你们先别聊了，小伙子，你怎么样，要不上医院吧！”

陈子轩这才想起这茬。

“去，去。腿上被刀子扎了！”

于是，大伙儿抬起了陈子轩，储旭亮推着车，捡起了两个人的背包，就跟在一旁，不住地发问：“陈子轩，你怎么会在这里？你现在怎么样？痛不痛？今天幸亏你了……”

那几个热心人听出了苗头：“哟，小伙子，你这是英雄救美啊，嘿，不得了，是条汉子！姑娘，这年头这样的好小伙可不多了……”

还好，小巷尽头就是一家医院，大家把陈子轩抬进急诊室。值班医生手脚麻利，二话不说，撕下裤腿，查看了伤口。

“不要紧，缝几针就好。”

那几个热心人走了。医生开始用酒精擦伤口，他手法很熟练，不多时就缝好了。虽说这着实有点痛，但一想到储旭亮就在外面，正关切地守候着，陈子轩就感觉到从未有过的幸福，几乎要流下泪来，哪里还管得了疼痛。

手术完毕，陈子轩的腿上裹了绷带，被送到了病房。储旭亮帮他办完了所有手续，又来到病房陪他，脸上带着无限的温情。

“陈子轩，我们都好几年没见了。”

“是啊，你都毕业了。”

“今天你是恰好经过吗？怎么会这么巧？”

陈子轩不好意思了，面对着朝思暮想的女孩，他不知该怎么说了。幸好，他想到了什么。

“你能把我的包拿过来吗？”

从包里，他取出了那个画册，递给了储旭亮。储旭亮翻开了，看到一幅幅美丽的图画。场景都是熟悉的，衣服和发型也都是她的。

“这都是我？”

陈子轩点点头。

她又翻了几页，然后飞快地翻到最后几页，定定地看着陈子轩，声音有些发颤了，像有露珠轻轻落在荷叶上。

“整本……都是我？”

陈子轩又点点头，嘴角忍不住抖动，而眼眶里已蓄满了泪水：“你看看最后几页。”

储旭亮翻到了那几页。上面正是陈子轩尾随着她的画面。骑出校门，穿过街道，在面包店小驻，进入“明月润居”。

“你一直跟着我？那你为什么不和我说话？”

陈子轩忽然发现，他爱慕储旭亮三年，尽管有过许多次对视，却从未有过一次对话。他现在也不知从何说起了。最后，他没头没脑地说出了最要紧的一句：“那天，我看到你和一个男生，坐上一辆轿车……”

“啊？”储旭亮是个聪明女孩，察言观色，也迅速明白了所有事情，“傻瓜，那是我表哥。”

一块大石头从陈子轩的心头移走了，他一肚子都是笑，像无数个泡泡，要带着他飘起来了。表哥……让他绝望，让他堕落，让他奋发，让他急功近利，让他只敢尾随不能向前……居然是表哥……泡泡从嘴里漏出来了，他忍不住哈哈哈地笑了起来，感觉到从未有过的轻松。

“是你表哥……哈哈哈……”

储旭亮点点头，也忍不住笑了。

“对啊，是我表哥，呵呵哈哈……”

他们笑了很久，终于平息下来了。陈子轩凝视着储旭亮，储旭亮也凝视着陈子轩。几年前，他们也时常这样对视，但从未这么长久，这么心心相印。

“你表哥，让我错过了很多年……”

“或许，什么也没错过……”储旭亮的脸上浮现出一朵红晕。

“旭亮——”他的心都醉了。

“子轩——”

杨略最近与葛怡处得不错，又恢复了常态，彼此互帮互助，倒也其乐融融。随着高考的愈加临近，同学们开始拍毕业照，写毕业纪念册，他认真地给每位同学写，还贴上照片。有时写着写着，就会伤感起来。这帮同学们啊，朝夕相处三年整，每个人的音容笑貌，已成为记忆的一部分，生命的一部分，一个月后，就将各奔东西，虽然断不了联系，但距离远了，一切也都远了。

他一闭上眼睛，就能听到曾泉那五音不全的歌声，就想到和陶坷坷在赛场上的合作，就看到陈子轩传神的人物漫画……自然，更多的是葛怡的一颦一笑。唉，他甚至都舍不得过完这段同舟共济的日子。

正在杨略五味杂陈的时候，欧阳老师带来了学校的通知，说是十八岁成人仪式兼高考动员大会要开始了。

“啊？我们也要动员啊？”

郑乔姿立即抱怨起来。其他同学也皱了眉头，都想到了去年的动员大会。虽说高考动员大会，参加的理应是高三学生，但教导主任沙元振突发奇想，提议高二学生也来听听，以便提早进入备考状态，于是高二年级也列好队伍，排在高三后面，在烈日下炙烤了三个小时。

操场上到处都是红色的横幅，写着各类创意独具的誓词，有“让雄心与智慧在六月闪光”“宁吃一月苦，不留终生憾”之类的豪言派，也有“天空飘过一行字儿，高考不算个事儿”之类的潇洒派，还有“不要左顾右盼，紧紧抓住每一个五分钟”之类的务实派。

各班排得整齐，最前面是身材高大的旗手，都举着红色的大旗，在风里呼啦啦地飘摆。

当时学校请了一位作家来做讲座。他五六十岁，身材矮小，脸上满是褶子，纵横交错，金刚怒目。他是省里作家协会的副主席，写过一些《东方日出》《雷锋精神》之类的图书，由学校推荐给同学看，销路居然不错，也得了些工程奖、出版奖。但在图书馆里，他的书总是很干净，放几十年也不会有一点褶皱。

他说了一通少年往事，不外乎泥腿子出身，日夜苦读，于是知识改变命运，成为乡里第一个大学生，此后专心写作，歌颂大好时代，为塑造国家形象作了贡献。说到最后，他站起来，走到前面，朗诵起了《少年中国说》，却是一口的广东腔，豪壮的词语也变得缩头缩尾。当然，或许梁启超本来就是广东人，即便让他来念，也大抵是如此的吧。

讲座完了，就是誓师大会。每个班都精心准备了誓词，由班主任带领，如同阅兵式一般，先是齐步走，经过主席台时，换作正步走，并齐声庄严呐喊。

其中有一个班级最为出彩。他们统一着装，白色的T恤，都印着一双手，捧着心仪大学的校门，表示名校尽在掌握。走到主席台前，他们齐刷刷地右转，面对学校领导，都是一脸的刚毅决断。班主任在前面说一句，学生们就齐声地跟一句，并应和着节奏，猛然挥动右手的一小本红色誓词，不仅喊出了决心，似乎胸中郁苦之气也一并发泄了。

杨略等人站在那儿，看到这架势，都有些看傻了。

“妈呀，这是阅兵式啊。”曾泉咧着大嘴就说。

“就是，还拿着红宝书呢。”杨略也有同样的感觉。

感叹声、讥嘲声当中，忽然夹杂了楚当当的惊呼：“乔姿，乔姿！”原来郑乔姿站着站着就软了下去，躺在后面同学的怀里，脸色铁青、牙齿紧咬，应该是中暑了。女生们大呼小叫，却不知所措，还是曾泉当机立断，背起她，一溜小跑送到医务室。自此以后，郑乔姿对曾泉异常亲热，有什么好吃的、好玩的、好看的，都会想着他。这算是那次动员大会的唯一收获。

“今年我们也要遭这罪吗？”

“有这时间，倒不如多做几道题呢！”

然而，学校的安排就是圣旨，反抗是无效的。幸好，学校并未要求大家做什么排练，也没让准备横幅和誓词，一切风平浪静，并没有什么异常。大约，活动是不办了吧？大伙都这样揣度。只有单昀偶尔会去教师办公室，回来还写点什么，默默地背诵。但他是班长，去办公室很正常。而背诵呢，更无须奇怪，高考当前，谁不在背呢。所以大家都没留意。

到了周五，恰是距离高考三十天，欧阳老师发了通知，说是要开动员大会啦，于是大家蜂拥来到学校大礼堂，活动就开始了。

舞台中间，布置了一个高大的门框，却不知做什么用的。背景墙上，“成人仪式兼高考动员”几个字熠熠生辉。右边有一个大屏幕，正播放着许多照片。大家仔细一看，都在惊呼：“啊，这不是我吗？”原来屏幕上放的，都是高中三年各班同学的照片，从人数上看，有全班的，三五人的，也有个人的。从场景看，有军训，有教室上课，也有运动会上各种英姿和丑态。

同学们每看一张，都会激动莫名。杨略在大屏幕里也看到了自己，高一军训时的青涩，海边实习时被海风吹乱的头发，篮球赛中投篮的身影……记忆都历历在目，却居然已是一年前、两年前的事情了。他的鼻子忽然有点发酸。

大家正看得热闹，校长走到舞台中央，用他浑厚的嗓音，开始了铿锵有力的讲话。

“同学们，走进高三，我们经历着风雨，我们沐浴着阳光；走进高三，我们砥砺着斗志，我们憧憬着未来。今天，你们十八岁了。这是人生的重要时刻，以前你们是翩翩少年，以后将是一个有理想、有担当、有才华的成年人，是国家的栋梁之材。”

校长的声音宽厚、嘹亮，几乎像是在作诗朗诵了。

“看到这个门了吗？今天，我们每个人，都要从这里走过去，去迎接新的岁月、新的使命，去开创新的辉煌！”

大家这才明白这道大门的意义，于是都起立，按班级顺序，在庄严的音乐中，整齐地走向舞台，一个个穿过那道大门。校长站在另一边，和每位同学握手。杨略走过去时，校长认出了他，微笑着，握手分外有力。

“杨略，好样的，加油！”

杨略激动地点点头，觉得自己顿时高大起来。

学校的高三生很多，十六个班，九百多人，每个人穿过大门，虽然很快，但也花了半个多小时。

等大家终于重新回到座位上，单昀却走到台上，穿着白衬衫，很是整齐，他对着麦克风，举起了右手，用他特有的清脆嗓门说：“同学们，今天，我们站在这里，举行庄严的成人礼，请拿出手里的誓词和我一起郑重宣誓。”

这下大家明白了，原来前几天单昀背诵的，正是这张誓词。他曾当过学生会主席，又时常去参加演讲比赛，成绩又好，由他带领大家宣誓，那是最合适不过的了。于是在单昀的带领下，九百多个高三学生都开始郑重宣誓。

“纵然路有荆棘，途有坎坷，我们也会勇往直前；即便太行雪拥，蜀道峰连，我们也会直挂云帆。辛酸、痛苦，我们不怕，我们心中有梦。单调乏味，我们无畏，我们志存高远。高三鏖战终有日，六月鲜花为我开。人生难得几回搏，吾辈今朝数风流。十年一剑今朝试，鹏飞万里遂我心。揽明月九天，取巨鳌五洋。生命如虹，青春无悔；数日拼搏，志在必得。”

“志在必得！志在必得！——”

声音在会堂中回旋，缭绕，再不断绝。誓词写的是如此慷慨，大家念得是如此激越，年轻的心灵都被点燃了。所有的恐惧、焦虑、沮丧，在这一刻，都化作轻烟飘散了。剩下的，是一颗颗无畏、奋发、豪迈的刚强之心，向着高考，也向着人生路，跃马扬鞭，开始新的征程。

尾声

其实人都是趋利避害的，但人生难免遭遇风雨肆虐，就只好硬着头皮，勉力前行。幸而有理想的灯塔指引，纵然前路迷蒙，也能奋力向前。用心去做，就不会一无所获。

亲爱的读者，我是杨略，又用了将近一年，写完了上面的文字，数了数，也有十几万字，颇有些成就感。现在终于松了口气，可以歇歇脚，与你随便聊聊了。

高三是段独特的时光，很艰辛，很难忘，却又太单调了，每日的机械式劳作，朝五晚九，三点一线。三天一小考，五日一大考，试卷塞满了抽屉，又溢上桌面，与课本教辅争抢地盘。都舍不得扔，觉得此中有真意，欲辨已忘言，心想以后可以慢慢领会，但新的试卷又蜂拥而至，真是高三后卷推前卷，前卷湮没无人见。而真正湮没其中的，是我们青春的面容。有人这样说：“中学时，你是个过于听话的孩子，听父母的话，听老师的话，一天到晚愚蠢地一遍又一遍地翻看无用的教科书。”这话听上去顺耳，可事实是如此吗？

愚蠢，其实不然。无用？未必如此，但用三年时间，才学了那么几册课本，终究不太划算。但为了理想，甚至仅仅是个卑微的理想，一群朝气蓬勃的少年，埋头于枯燥的试题之中，被面前的理想吸引着，被身后的皮鞭抽打着，时而心沸如海，时而冻结如石，而又只能默默忍受。“人生能有几回搏。辛苦一学年，幸福一辈子。考过官二代，战胜高富帅。”这样的条幅校园里随处可见。谁能说它没有道理呢？

当然，那时翻涌的情绪，时而高涨，时而平缓，毕竟被日记本采撷了几瓣浪花下来，所以现在翻翻，还可以把往事擦亮。都是些琐事：一次考试不满意，顿觉天昏地暗，对自己的才华深抱怀疑；有时又春风得意，自觉天宇清朗，百般事体，无不称心如意。

我记录了很多班里的事情，但有些却没有记。

比如，班里还有这样一位女生，平常是极开朗健康的，大大咧咧，时常理个平头，号称女生中的帅哥。可每次模拟考试结束，都要痛哭一场，抽抽搭搭，半日方歇。在等待分数的时候，总是惶惶不安，坐卧不宁，用手轻轻地拍着胸口。那青春饱满的胸脯，本该朝气蓬勃，绚烂夺目，却因承载了过多的压力，脆弱得像被挂上了铅条。终于拿到了被批阅的试卷，若是满意，脸上就绽放开一朵夸张的牡丹，连牙齿也森森可见。若是不得意，就拿本书，使劲地敲打书桌来发泄，口中骂骂咧咧，骂至伤心处，就说：“……

以后可怎么办呢？”涕泗交流，声如颤丝。闻者感同身受，无不凄然。

还有一回，距离高考只有一周了，我们楼上的高三（一）班忽然发了疯，站在走廊上，一边呐喊，一边将课本、参考资料、试卷撕碎，纷纷扬扬地下了好一场大雪。其他班的人见了，也纷纷效仿。沙元振见了，急忙去制止，却没有同学听从。本来是要严肃处理的，但鉴于学生马上毕业，为了不耽误他们的前程，事情也就不了了之了。欧阳老师说，这是变相的减压法，说明高中生活让人痛苦，所以是失败的。他说得沉痛，然而也无奈。

大家都会说，这是高考作孽啊。但我并不想谴责高考什么。因为随着年龄渐长，我后来见到的社会现实，远比这个要残酷得多。正如某人所说，一个人的生活如果仅仅为爱情而悲伤，那么他是幸福的。同样我可以说，如果一个人仅为成绩而痛苦，那也是幸福的。至少，那时的生活很简单，关系很单纯，种种烦乱的事情还没有奔腾而来。

亲爱的读者，你肯定又骂我站着说话不腰疼了。这话我倒难以反驳。因为我确实是高考的幸运儿。当然，我要辩解的是，这幸运并非天赐，而是因为人生目标的指引与激励。只要看过我的书，你们就知道，在高二暑假，我和几个好友都去经历了些事情，看了些书，了解了大学的专业，从而确定了以后的道路。

借用汪国真的话，“既然选择了远方，就只顾风雨兼程”。其实人都是趋利避害的，人生难免遭遇风雨肆虐，这自然是不让人愉悦的，只是因为无法摆脱，就只好硬着头皮，勉力前行。幸而有理想的灯塔指引，纵然前路迷蒙，也能奋力向前。再辛苦，也比待在原处哀叹的人要幸运。他们纵然不动，也会被暴雨淋湿。而我们一直运动，身上热气蒸腾，反而不易着凉伤寒。

况且，求知，本身也是愉悦的，即便是学习自己很不喜欢的科目也是如此。正如我爸爸所说，用心去做，就不会一无所获。我不擅长数学，也一直学得不太好。但因为用心学了，从此思路清晰，逻辑严密，写起文章不至于东一榔头西一锤子不知所云。又想起了那个故事，在海边随意捡了些石头，第二天都变成了宝石，于是深悔当初不曾多捡一些。此情可待成追忆，只是当时已惘然。

既然是尾声，按照惯例，该介绍一下朋友们的出路了。

陈子轩考得一般，去了一所职业技术学院，档次不算高，但因为能学动漫，他也觉得兴高采烈。只是别人问他是什么学校时，他总是敏感得很，支支吾吾，常顾左右而言他。过了一年，果然学得不错，大大小小获了不少奖。他的漫画时常发表，据说要出单行本了。人也自信起来，不以职业学院为耻了。又参加了专升本考试，足有九成胜算。而他与储旭亮的故事，一直被我们反复念叨，甚至通过校园网，在高中的学弟学妹中传颂，成为校园文化的一部分了。

楚当当学了艺术设计。这是她与父母抗争之后的妥协。艺术，本是极张扬自由的。她父母怕她张扬得过了头，走上凡·高、高更的路子，尽管他们未必知道这两个人。但在他们中规中矩的脑子里，搞艺术的人，不修边幅，总是有些神经质。而设计呢，就严谨了许多。他们想到的只是广告图像设计。这年头，酒香还要勤吆喝，什么不得做广告？所以从事这行恰到好处。楚当当也答应了，高考后进了美院，着魔了一般醉心于油画。这自然与端木宇是分不开的。但愿他们能有个好结果。

还有陶坷坷，毕业后去英国留学了，读经济学。因为家庭影响，他学这个轻车熟路，倒也适合。有时在网上相遇，他总说很寂寞，文化差距大，连吃饭都不太习惯。但毕竟年轻，适应得快。趁着假期，又走遍了欧洲各国。许多我只在地图上见过的地名，他都一一去踩过了。

偶尔回国，大家相聚，他绅士了许多，请大家吃饭，说："周游列国，说起来很了不起，其实也就等于在中国逛了几个省而已。"但语气还是得意的。

祁月最后考进二本。她虽然有些遗憾，与她的名校梦还有相当的距离。但在欧阳老师的开导下，她也就认可了，没有复读。欧阳老师私下曾对我说，祁月内心依然脆弱，如果复读，去争取一本，那很容易压力过大，再次陷入精神疾病。祁月选择了读心理学专业，这算是因祸得福，以及推人，久病成良医吗！

曾泉读了社会学，扬言要直追费孝通，才大一呢，就与几个学长组建了“三农”调查小分队，申报了个挑战杯项目，去贵州农村进行了调查，探讨农村如何发展。据说，他们的项目完全可以做成硕士论文。虽然结果未必如意，但重要的是他们做了。

再是葛怡，读了教育学。到了大二，又专攻早期教育，愈发找到了感觉。她的心理学也学得不错。因为教育学是以心理学为基础的。有时我在图书馆见她，她手里居然捧着脑科学的书籍，里面大堆的生理学名词、化学分子式，读得半懂不懂，但每有心得，就欣然抄下。

当然，她依然和我同校。我最喜欢在图书馆，看她垂眉看书。随着眨眼，睫毛轻轻拂动，将我的目光轻轻梳理，清澈而条理分明。

因为高考成绩不错，我填了中文系，也有幸被顺利录取了。课程挺多，都是自己喜欢的。闲时在校园里走动，这里有很大的湖泊，中间一个小岛，岸上垂柳依依。有时会有白鹭飞来，张着宽大的白翅，一下一下扇动，从容不迫地在湖面上掠过。我看着，就莫名其妙地无比感动。没课时，我时常和葛怡坐在草坪上，午后会有音乐响起，清新悠扬，可以恬然闭上眼睛，或者仰面看天上的流云。

于是我写诗，她读我写的诗。

而爸爸呢，身体是一日好似一日。在高考后的暑假里，因为我考得好，他一时高兴，居然带我们去海边旅游了一番。当然，开车的还是妈妈。在海边，我们躺在沙滩上，听他讲大学的故事。

“我们那时候，大学毕业包分配，所以一踏进大学校门，基本上前程无忧，所以谈恋爱的谈恋爱，搞活动的搞活动，并没有多少心思花在学习上。生活是很丰富了，自诩是天之骄子，得天独厚，直到毕业之后，才觉得有些后悔。”

“我光知道现在的大学生懒散，倒不知道你们那会儿也一样。”

“现在大学生的懒散，源于高考压力过后的矫枉过正，带点报复性。同时，高中里不谈人生规划，大学里自由了，就陷入迷茫，于是也会浪费时光。”

“是啊，”我舒舒服服地摊开手臂，“我现在就像是离开沙漏的沙子，远离了争分夺秒，就想一动不动地躺在沙滩上，什么事也不做。”

“你觉得大学是怎样的？”

“大学，哈哈，就是身后没皮鞭，心里没负担，旅游是说去就去，恋爱是想爱谁就爱谁，是春有百花秋有月，夏有凉风冬有雪，是腰缠十万贯，骑鹤下扬州，是春风得意马蹄疾，一日看尽长安花。”

这段话是我和曾泉时常背诵的，所以一时说得很顺溜。

“错了，儿子。从高中到大学，基本上是出了虎口，又入狼窝。你想啊，高中再忙再累，学的也不过就是那几册课本；而大学呢，无论是哪个专业，专业书籍都堆积如山，你要想学好，肯定要比高中还要忙碌。”

“不会吧！”我假装哀号了一声，其实内心依然是喜悦的。

那时，我有文学、有梦，对前途、对大学，充满了无比的期待。

爸爸依然是挂念着我，担心我在大学里过于自由，照例还会时常写信过来。

那又是新的课程了。